U0094621

2024經典暢銷版

日本媽媽的美味發酵食

鹽麴．甘麴．味噌．酒粕．味醂，
用天然的發酵調味烹出自家風味

岡本 愛——著

作者序

“食べることは生きること 私たちの体は今食べたものでできいる”

為了活著我們進食，你剛吃了什麼就是什麼。

食物之於人們，如同陽光，空氣，水之於動植物一樣，是維持生命的必需，不能缺乏。事實上，我們的身體與心靈，都是倚靠每日所攝取的食物製造、維持運作，而我們賴以維持性命，也正是食物。

英文有一句諺語這麼說：「You are what you eat」，譯作中文即為「人如其食」。我一直很認同這句話的涵義，這並不是要我們選擇昂貴、特別的食物。現在的科技發達便利，人們生活忙碌，不容易花太多時間注重自己的飲食，外出逛街能遇上充滿誘惑的餐廳美食、滑滑手機就訂到速食外送……但是，我還是建議大家把生活步調稍微放慢點，聽聽自己身體的需求。今天你吃進身體裡的食物，將會製造出未來的你。而所選擇的食物為何，是否認真講究，養成的飲食習慣會忠實反映一個人的性格與生活態度。

我一直深深記得，小時候一家人圍繞著餐桌，一邊天南地北的聊天，一邊享用媽媽親手做的料理，這段記憶至今猶新，更是我童年時代最美好的回憶。即使度過這麼多個寒暑到我長大成人，展開外地工作、移居國外的生活，我仍然持續懷念、憧憬這樣的畫面。「餐桌」對我而言，不只是家裡的家具擺設，其實是家庭的中央。我們每天不只在這裡跟家人吃飯、朋友聚餐，小朋友也坐下來寫學校功課、爸媽翻看報紙，聊聊今天發生的事，餐桌一直默默觀察著孩子的健康成長，傾聽家庭每天發生的大小事，是個集合家人、凝聚開心的地方。我相信，如果有手作的美食料理相伴，一定會讓人展開笑顏、從家庭餐桌散發幸福。從小到大，其實生活裡隨處可見發酵飲食的蹤跡，古老的祖先就已經懂得發酵的力量和好處，過程中會產生維生素、氨基酸、酵素等對身體有益的物質，並且賦予讓食物不一樣的美好風味，種種好處都是現今為求量產、速成製造的飲食所無法取代的。

自從出版第一本書以來，瞬息之間過了六年的時間，當時剛出生的兒子，已經是小學生了。雖然每天的生活都非常忙碌，但在與孩子相處的生活中，我深刻體會到「食育」的重要性，並且更加意識到吃東西對於製造未來健康身體的重要性。

在這本書中，我們將從基本的自製發酵調味料開始，帶領大家體驗手工製作發酵調味料的樂趣和風味。此外，我還加入了日常生活中容易取得的發酵調味料，例如鹽麴、甘麴、味噌、酒粕、味醂……來製作各種美味料理。這次也特別增加小朋友們喜愛的經典料理。透過這些日本風味的家庭料理，希望能將發酵食品的好處和美味傳達給更多的人。

為了親愛的家人，也為了孩子們未來的健康與幸福，真心希望能盡我所能，透過美味的食物傳遞理念，編織出生命的力量。

———岡本 愛

Contents

Part 1
從餐桌開始，美食背後的小小心願

Part 2
想要做出美味料理，就要先換調味料！

Part 3
用各式發酵調味料，妝點日常餐桌

Part 4
發酵食品應用，美好生活的6個飲食提案

計量工具與單位

米量杯

台灣和日本的量米杯，容量通常是180ml，也就是「一合」。有些日式米量杯會標示「無洗米」、「普通米」，無洗米即指製程中經特別處理，無殘留雜質、無米糠的白米，烹煮時跟普通米有些微不同。至於米與水的比例，則建議依米的品種、喜好的米飯軟硬度考量。

量杯

時常料理的人，廚房裡一定有好幾個量杯。我習慣使用透明量杯（玻璃或塑膠材質），至少會準備一大一小，喜歡刻度清楚容易拿捏份量的特性。也有人愛用不鏽鋼量杯，優點是耐用跟可以隔水加熱，各有優缺點。

＊一杯量杯（1 cup）＝200ml

量匙

想要調出好味道，首先要弄懂容積的代換，計算更精準。一般市售量匙多為4或5件一組，差別在於多了一支7.5ml的湯匙，習慣使用量匙後，對份量拿捏會越來越準確，也比較不會出現「失手倒太多」的狀況！

＊常用容積代換

1大匙（1T）＝15 ml＝3小匙（3t）

1小匙（1t）＝5 ml＝1茶匙（teaspoon）

1/2小匙（1/2t）＝2.5 ml

1/4小匙（1/4t）＝1.25 ml

Part 1

從餐桌開始，
美食背後的小小心願！

我們的身體與心靈，都是經由攝取的食物製造，而我們賴以維持性命的，也正是食物。
因此對於烹飪，我在味道方面非常講究。事實上，真正美味的食物，帶給身體的通常是好處居多，由內而外具有令人展開笑顏、感到幸福的強大力量。

我的童年餐桌記憶

記得小時候，家裡有張長長的餐桌，因為家人都喜歡美食，所以印象中最常相聚的場景，就是圍在餐桌旁享用食物。只是，小時候因為爸爸經營公司，晚上時常要跟客戶應酬，所以一家人通常在早餐時刻才能全員到齊。

傳統的日式早餐和台灣人的早餐習慣略有不同，常是白飯加一片魚、兩碟小菜和一碗味噌湯，用暖呼呼的食物替一天揭開序幕。爸爸很重視一家人一起吃早飯，喜歡趁這個時候聽孩子聊聊學校發生的事情，由於爸爸的個性比較嚴格、很重視用餐禮貌，強調餐桌上也要遵守長幼秩序，所以我們一定會等到爸爸就定位才可以開動，

這是一種分享的心情，
期待看到家人露出幸福微笑。

小時候跟爸爸一起吃早飯，總是既期待又帶了點緊張的情緒。

偶爾晚上爸爸帶朋友到家裡做客，媽媽身為我們家的巧手大廚，短短20分鐘就能立刻變出五道美味下酒菜，家裡的氣氛頓時變得加倍熱鬧。喜愛美食的爸爸，如果在外吃到很好吃的東西，無論昂貴或平價，週末就會帶全家人一起去品嚐，這是一種分享的心情，期待看到家人露出幸福微笑，所以圍繞餐桌，對此我總是有深刻的感觸與情意。

家庭的重心是餐桌，一生難忘的幸福味道

過去我曾經長駐香港工作，那時剛被外派人生地不熟，沒有任何一個朋友，有一段時間總是一個人用餐，難免覺得有些冷清孤單。認識越來越多朋友後，我開始會邀請朋友來家裡用餐，朋友吃過我煮的料理後曾說了這句話，一直深植在我的心裡：「因為妳，大家才能團聚起來。家庭的重心是餐桌，餐桌的主角是掌廚者，透過掌廚者，才能聚攏大家的心。」

於是，家庭的餐桌、家人朋友團聚時的聊天與笑容，都變成我前進的動力，鼓勵我創作更多好吃、營養豐盛的料理。「家庭餐桌」是我創意的原點，我的角色是關注家人朋友的飲食與喜好，並且想像他們開心吃飯聊天的樣子，以此為本，創意與動力自然從內部被激發出來。

透過餐桌散發美好幸福

美食是很好的媒介，透過它邀請家人、朋友齊聚，大家放鬆的聊天談笑，度過開心的時光。雖然相同目的外面的餐廳也可以辦到，但我由衷希望那個地點，是我們最親近、最貼近生活的家庭餐桌。

舉凡生日、結婚紀念日、TGIF（ Thank God It's Friday＝慶祝一週工作結束迎接週末）、成就達標日、特殊節慶等非日常的外出聚餐，或是天天在家吃媽媽做的愛心料理，我都非常喜歡！

每個家庭餐桌都是非常獨一無二的，在這裡，你可以放心對家人表達關心與愛意。當全家人圍著餐桌，邊吃邊聊當天發生在自己身上的大小事，無論開心的、擔憂的、沮喪的，全家人的心會產生共鳴，凝聚在一起。小時候的餐桌記憶、家人親手做的愛心料理，即便過了許久也不會忘記，一直深刻停留在你的心裡，有了孩子以後，也會願意再複製一樣充滿關愛的環境。

期待閱讀這本書之後的你，都能跟家人、朋友一起真真切切感受，從餐桌發散的美好幸福。

日式食育啟蒙於家庭，在學校繼續深耕學習

從小，我跟哥哥喜歡玩玩具、玩遊戲，也喜歡一起動手做菜，在我3歲、哥哥5歲的時候，媽媽就開始讓我們進廚房練習做咖哩飯。完成後兄妹倆一起將熱騰騰的飯菜端上桌，跟媽媽一同享用，看著媽媽笑得好開心，帶給我們很大的成就感，成為下一次再下廚的動力。

下廚是一種手腦並用的訓練，對小朋友的發育有很好的效果，所以，我也希望提供給我的孩子更豐富的生活經驗、不一樣的視野，也包括從小接觸料理，會對食物、對料理更有興趣，懂得不浪費、不挑食。還記得小時候，媽媽總是會提醒我跟哥哥：「取用食物的份量一定要審慎考慮，拿自己能吃完的量，不可以浪費。」從小學習珍惜食物的概念是很重要的，這是對環境、對農漁牧生產者、對製作料理者的尊重，媽媽希望我們先懂得知福、惜福，以後也有能力幫助更多人。

日本的飲食教育啟蒙於家庭，進入學校後會繼續深耕，在學校不只能學習到進階的餐桌禮儀（每間學校不同，有的學校還會教授西式禮儀），還有營養知識教育——學校內部通常有一位營養師，每天輪流到不同班級跟大家講解季節食物、今天營養午餐的食材從哪裡來、這些食物有什麼營養、對小朋友的健康發育有何影響……短短的5-10分鐘，慢慢學習也能累積成可觀的知識。

相信大家看日本影劇或是到日本旅遊時一定聽過，大家圍在飯桌開動前一定會將雙手合十在胸前，唸出：「いただきます」，「いただきます」這句話表達了敬重感謝之意，感恩上天和大自然賜予食物讓我們享用，還有感謝農人跟漁夫們辛勤工作，並且感謝做菜者為我們付出辛勞。

從小接觸多元食農體驗，家庭餐桌上培養食育概念

在計劃出版第一本書的時候，我肚子裡的寶寶現在已經成為一名小學生了。這七年過得非常快，孩子7歲，等於我也當媽媽走進第8年了。

身為一名食育專家，也作為一位母親，我想傳達給孩子的還是一如初始「我們的身體與心靈，都是經由攝取的食物製造，我們現在吃的東西，將會塑造未來的我們。」無論是小朋友未來大夢想為運動選手、擅長繪畫的畫家，還是知識豐富的博士，他們的成功都取決於是否擁有健康的身體。我們的身體並不是工廠裡製造的機械零件，而是由我們現在從口中吃進的食物所構成的。

對於「食育」的實踐，在我們家並不是得做什麼很偉大的事情。週末，我常會帶孩子一起去買菜，尤其是在台灣的傳統市場裡，可以學習的地方很多。孩子可以親眼看到蔬果、肉、海鮮、乾貨等豐富食材、然後自己挑選跟攤位老闆結帳，這對他們來說，視

覺、嗅覺、觸覺都有刺激，也能讓他們了解當季的食材與培養物價概念。

若有機會拜訪各種農業生產者，我也很積極帶小孩一起，能親眼見到季節蔬菜和水果的生長過程，並體驗實際的收穫過程。回家後盡量以當季食材上餐桌，並與孩子聊聊這些食材的來源；比如「你覺得夏天最美味的蔬菜是什麼呢？這芒果是從台南玉井產地採摘的水果哦。」如果我們還能一起看看地圖，那也是一次地理學習的好機會呢！

週末如果有空（或媽媽的心情比較輕鬆時），我們也會一起下廚或者一起做點心。讓孩子參與烹飪的過程有可能會讓廚房變得很亂，料理時間也比媽媽自己做要拉長很多，但孩子非常喜歡用自己的兩隻手製作出東西，而從失敗中也學到很多！料理需要安排順序，因此在思考步驟的同時，對孩子的思維能力也是一種訓練。最重要的是，自己動手做的料理，孩子會覺得特別美味，比日常吃得更多。

親子一起下廚製作的料理回憶，會在他們心中培養出對餐桌和家庭難以忘懷的情感。在日語裡，有一個表達方式叫「抓住胃袋」，美味的料理會俘虜人們的胃，會抓住人心，孩子長大後，仍然會懷念家裡的飯菜，想要回到家裡的餐桌跟家人一起吃飯。

用餐桌食器寫下旅居足跡

隨著時代演變，如今，食器已不再單純只被賦予盛裝食物的功能，觀看的角度更多了美觀度與設計感。我喜歡收藏食器，認為它也是餐桌風景的一部分，選對器皿會替用餐氛圍加分，食物也更對味了！

曾聽別人這麼說：「生活中的碗盤杯皿，最能夠展現日本工藝之美，以及精雕細琢的職人精神。」想想的確有一番道理，但我收藏的食器不侷限於日本，就連每次國內外旅行，如果有時間都一定會安排到當地的市集或店舖逛逛，因為說不定在下一個轉角，就會發現自己尋覓已久的夢幻逸品呢。

食器的種類和型態十分多元，亞洲飲食帶湯汁的菜餚較多，所以器皿常會有一定的深度，或是盤緣採垂直設計，以防湯汁流失，而歐美食器則較常出現深的烤皿、盛裝炸物的淺圓盤等，受飲食習慣的影響很深。以下是我的食器收藏，依用途做了分類，也和大家簡單分享相關的故事與飲食文化。

親子一起下廚製作的料理回憶，會在他們心中培養出對餐桌和家庭難以忘懷的情感。

深淺盤

不同造型、功能的盤子，會賦予菜餚不一樣的風情。而左下的盤子，是數年前當時還是未婚夫的先生，為喜愛食器的我，在鶯歌親手製作的陶盤。是甜美的回憶也蠻好用的！

畫面左邊的白瓷盤，是我去越南旅行時帶回來的，上面有蓮花的圖樣，簡樸又素雅。

法國旅行時，從普羅旺斯帶回的盤子。
那家餐具工廠正準備結束營業，我便把
剩餘不同顏色的盤子都買回來。

左下的長盤最常拿來盛裝烤魚，而中央
的玻璃盤則是涼麵或生菜沙拉專用，光
看就能感受到清爽！

幾乎每一個日本家庭，都會備有許多款小菜碟。

小菜碟＋醬料碟

不同造型、功能的盤子，會賦予菜餚不一樣的風情。

我愛蒐集日本佐賀縣有田地方的「有田燒」，
他們的藍色特別美。

夫妻碗必定成雙，而且有男大女小、顏
色象徵的區別，常被當成結婚的賀禮。

飯碗／湯碗＋土瓶

附有上蓋的日式湯碗，顏色來自於漆，漆器具有保溫的效果。

土瓶通常為陶材質，盛裝食材透過加熱蒸煮讓精華濃縮其中，湯汁鮮美。

涼麵杯盤／酒杯

涼麵專用的杯盤，別於台式涼麵直接拌入醬汁，日式涼麵醬汁會另外以杯子盛裝，用沾的再入口。

不同花色、材質的日式酒杯，也是我喜愛的收藏品之一。造訪家中的朋友，會請他們自選一個杯子，今晚就用它暢飲吧！

筷子＋筷架

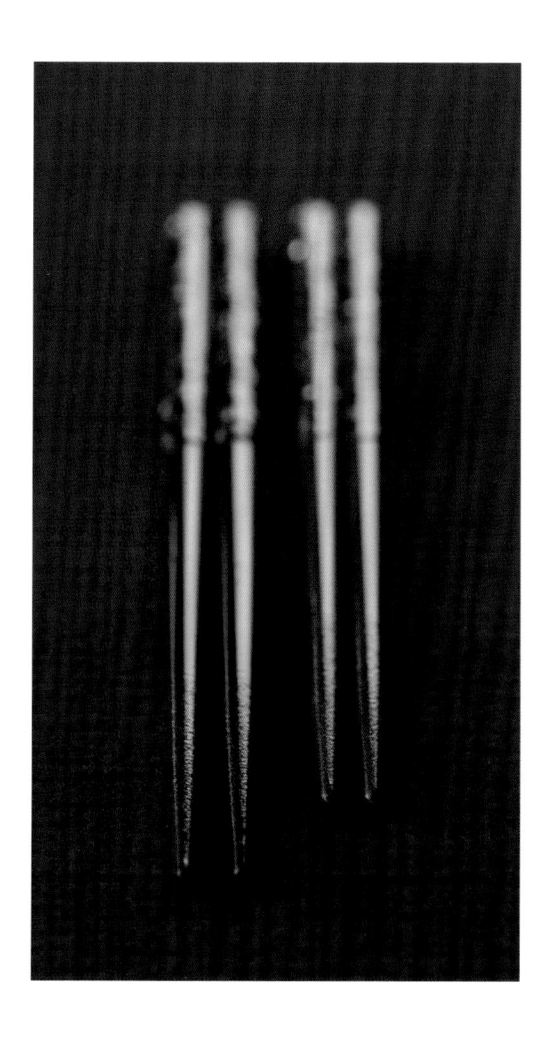

朋友送的夫妻筷，長的給手大的男生用，
短的給手小的女生用。

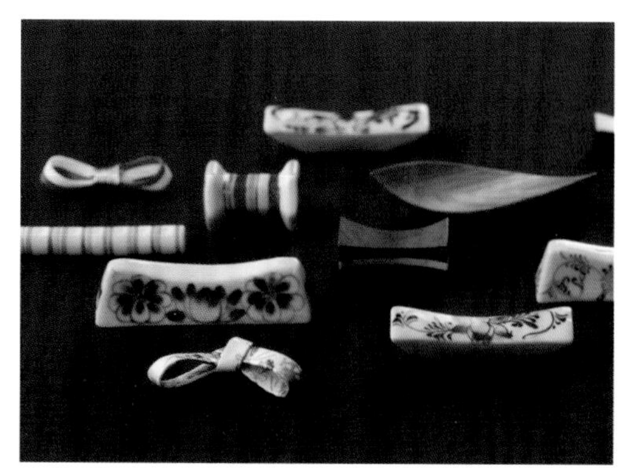

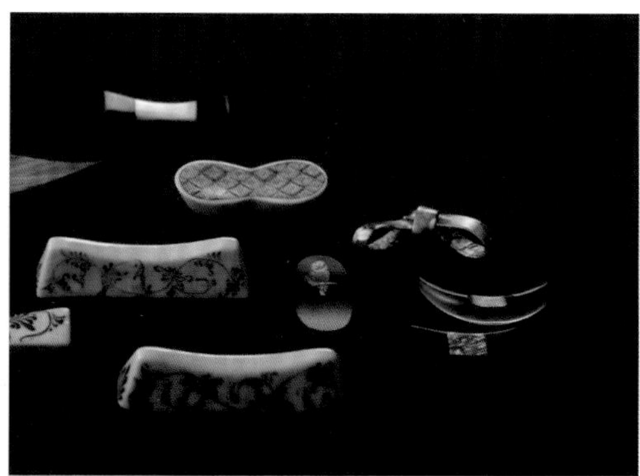

為了增加用餐舒適度，避免筷子桌上滾來滾去，筷架也是生活必須品。

Part 2

想要做出美味料理，就要先換調味料！

如果只要掌握一個重要原則，馬上就能把每天做的料理變成像米其林星級餐廳一樣超級好吃，你要不要知道秘密？那就是……更換調味料！只要將每天都會用到的調味料更換一遍，就能讓全家人大感驚訝，你是不是去哪裡上了烹飪課，怎麼學會做這麼好吃的料理！

基本調味料選購原則

醬油、味醂、味噌、鹽巴，砂糖、醋等天天使用的基本調味料，你都是用什麼標準來挑選呢——價格？牌子？品質？還是因為每天使用，所以偏愛選擇大包裝且便宜的？

我建議，因為每天都要使用，請大家一定要仔細「特選」。這裡的「特選」不一定是最貴的，而是指特選堅持古來的製作方法、花時間細心製作，不會有過度的人工處理，而且不含人工添加物。其實，真正優質的調味料，通常只會比平價調味料稍微貴一點點，但不至於有幾千元的差異，高個十幾塊到幾百塊而已，換算成每天的用量，差異只有幾元而已。

● 選擇調味料，成分單純古法製作最好

如果你也在意添加物，要不要考慮更換每天使用的調味料？假使心想「每天攝取的量不多，應該還好吧?!」但因為每天一點一滴的累積攝取，長期來看其實也不算少量。

購買調味料前，請多注意包裝背面所寫的原材料表。採用傳統方式製作的調味料，原材料成份也很簡單。因為平價調味料為大量製造常採用快速發酵，也可能放了不必要的添加物，以鹽麴而言，平價調味料可能缺少了細心培養的米麴菌，原本該有的微妙風味和天然營養也消失不見了。

食物安全關係著家人的健康，從更換調味料開始，讓家裡獨有的私房菜，也能變化出像餐廳一樣的好味道。

櫥櫃裡的常備調味品

曾長駐外地工作，加上已在台灣生活多年，我對不同風格的飲食接受度很高，像水餃、小籠包、酸辣湯這些道地的平民美食都很喜歡，但回到自己家裡，端上桌的家庭料理還是習慣以日式風格為主。

走進廚房，打開櫥櫃和冰箱，你算過家裡有幾種常備調味品嗎？曾經這樣問過台灣朋友，她想了想回答：「嗯…至少有兩種醬油，還有米酒、白醋、烏醋、香油、鹽、砂糖、冰糖、番茄醬、胡椒粉……大致大同小異，比較特別一點的是，會準備蠔油、甜麵醬、豆瓣醬、辣椒醬、沙茶醬、XO醬，幾種中式的味道。」

因為飲食習慣的緣故，家中所使用的調味料幾乎都是日製的，通常是我從日本帶回台灣，或是在台灣專售進口食材的百貨超市購買，只要下廚做料理，我的調味幾乎無法脫離它們。

● 基礎調味醬料（請參考P.31上圖）

❶白味噌＋❷麥味噌＋❾赤味噌：味噌多以豆、米、麥等為原料製成，因為鹽分比例、熟成時間長短而產生不同的顏色與風味。

❸醋：想要替食物增添酸味，這個時候醋就能派上用場，❸是米釀造的白醋，顏色比台灣白醋深，而經過釀造的醋，會帶不只是單純的酸味，還會有一些甜味、鮮味。而日式的烏醋比較常見的是濃稠的濃烏醋，多加了蔬果、辛香料等釀製而成。

❹高湯醬油＋❻濃口醬油＋❼薄口醬油：台灣的醬油種類很多，有醬油、薄鹽醬油、蔭油、壺底油等差別，日本醬油也是，大致上可以簡易區分成薄口（淡口）醬油、濃口醬油、和風調味醬油這三種，薄口醬油色淡味鹹，適合用在不想有醬色的料理，濃口醬油的顏色深，適合用在燉滷煮想上醬色的料理，至於和風調味醬油則常有鰹魚、昆布、香菇等風味，適合直接沾淋調味。

❺本味醂：味醂發源自日本，是很道地的日式調味料。市面上常見本味醂、味醂風調味料兩種，最明顯的差異是本味醂含13～14%酒精，味醂風調味料不含酒精，價錢上本味醂較高。

❽清酒：清酒（さけ）是以米為原料的釀造酒，除了拿來飲用，也常用於製作料理、搭配美食，有去腥增香之效。日本另有料理酒，類似台灣的料理米酒，專門用於製作料

理，但因為料理酒常有加鹽巴，甚至添加人工甘味料等其它添加物，所以我還是較喜歡以清酒當作料理酒。

● 鹽類＆其他（請參考P.31下圖）

去過日本的超市，一定會驚訝於鹽的種類非常眾多，日本境內生產的以海鹽為大宗，而且不同地區的職人還會有獨特的製鹽法，像沖繩海鹽、雪鹽很有名氣，還有淡路島產的藻鹽充滿海藻精華，除此，我們還會調製複合的柚子鹽、梅鹽、抹茶鹽、山椒鹽等用於調味，獨具風味。

至於③的片栗粉可不是魚目混珠被放進鹽類，而是因為顏色雪白順道一起介紹，日本的片栗粉即為馬鈴薯澱粉，也就是台灣俗稱的「太白粉」，專門用於替食物增加Q彈度與濃稠度。

● 糖類（請參考P.32上圖）

家用糖類多以蔗糖為主原料，我家還會使用產於日本北海道、台灣比較少見甜菜糖，當地因為緯度較高適合種植甜菜，甜菜含有寡糖，能增加腸道的比菲德氏菌量，有促進腸胃蠕動的效果。

● 米麴、鹽麴＆甘麴（請參考P.32下圖）

講到自製的發酵調味料，就一定不能不提到近年很流行的米麴，以及它的延伸製品鹽麴和甘麴。在日本，米麴在超市或食材店都有販售，可買到需冷藏或冷凍的生鮮麴，另有常溫保存乾燥麴。台灣目前可在一些日系百貨公司的超市找到米麴，或上網訂購也是一個方便的選擇。

● 酒粕（請參考P.33上下圖）

在台灣，人們似乎對酒粕比較陌生，也較少看見市面有販售，但在日本，酒粕也是生活必須的調味食材之一喔，酒粕是釀酒剩餘的副產品，還是很有營養，因為日本的冬天較冷，我們常用酒粕煮熱甘酒或是酒粕火鍋，吃了全身暖呼呼！

基礎調味醬料

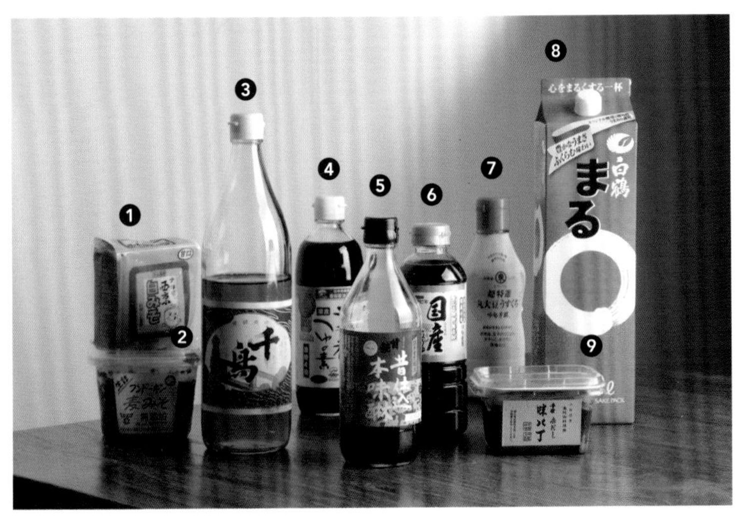

❶白味噌　❷麥味噌　❸白醋　❹高湯醬油　❺本味醂　❻濃口醬油
❼薄口醬油　❽清酒　❾赤味噌

鹽類＆其他

❶沖繩海鹽　❷岩鹽　❸片栗粉（太白粉）　❹小豆島御鹽

糖類

❶上白糖　❷二砂糖（細）　❸甜菜糖　❹冰糖

米麴、鹽麴&甘麴

❶米麴　❷鹽麴　❸甘麴

＊依使用的米麴種類、鹽種類、發酵當時氣候等因素，造就鹽麴顏色不同。

酒粕

❶片狀酒粕　❷熟成酒粕　❸❹塊狀酒粕

不同廠牌的製造方式也有差異，獲得的酒粕成品質地、濕度、香氣也有所不同。

隨時都有的常備乾貨類

乾貨泛指經風乾、曬乾、烘乾後的脫水食材，中式的乾貨種類非常豐富，如蝦米、干貝、魷魚、香菇等食材，走一趟迪化街可以挖掘到很多寶物。而我家的常備乾貨則是柴魚片、昆布、海苔、海帶、海藻、胡麻等，它們最大的共同之處就是可以替料理增鮮添香，讓風味更棒！

● 黑白芝麻

芝麻不僅充滿香氣，同時也是具養生效果的優質食材，據說老一輩的人為了維持頭髮烏黑亮麗，會食用黑芝麻保養身體。芝麻被研磨後香氣更被釋放出來，我家裡常備有完整的芝麻粒，也有磨碎的芝麻粉（如圖中湯匙所盛裝），此外還有芝麻油、芝麻醬，甜鹹食材搭配皆宜，需要香氣時就靠它！

● 柴魚片

台灣的柴魚片削的比較厚，而日本的柴魚片比較薄，在調味上也略有不同，我們通常將柴魚片拿來萃取高湯用，而圖片上方的小包柴魚通常用來撒在食物上，柴魚會隨蒸騰的熱氣晃動，看起來就像跳舞一樣。

● 乾香菇＆海帶海藻類

昆布、海藻類的乾貨，是日本人生活中的重要食材，含豐富的微量元素、纖維質、礦物質，常用的有昆布（分煮食與熬湯用）、羊栖菜、裙帶菜、石蓴等，因為非常會吸水膨脹，所以一次用一點就好了。至於香菇，聽說有的人特別喜歡日本香菇，覺得它肉質厚、香氣足，但我覺得台灣埔里的香菇品質也不錯唷！

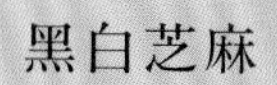

黑白芝麻

柴魚片

乾香菇＆海帶海藻類

什麼是「糀」

日本有兩個漢字唸「KOJI」，一是「麴」，另一個則是「糀」。「麴」來自中國的漢字，將蒸過的穀類（米、豆、麥等）加種麴菌繁殖而成，因此，不管原料是米、豆或麥，我們都將它們稱為「KOJI」。

另一方面，「糀」屬於日本漢字，比較單純只指米製成的麴。米糀這漢字的意義由來是指，蒸過的米被白色、輕飄綿密的菌絲覆蓋圍繞，這樣的狀態就像「米綻放的花」，因此稱做「糀」，含有維生素、酵素、氨基酸等物質。

由於麴菌的生長和環境關係密切，即使同個緯度不同國家，採用相同工序與材料，有時也無法複製出一樣的麴菌，因此它具有強烈的風土性。對於發酵食極為發達的日本人而言，麴菌被奉為「日本的國菌」，即使黴菌的表現形式很多樣，但也只有麴菌可以發展出日本飲食裡不可或缺的清酒、米醋、醬油、味噌等。

（感謝Sally施素蘭老師提供）

麴在日本飲食文化扮演的角色

和食是日本文化中非常重要的一環，因為外觀細緻講究如同藝術品令人想珍藏，因此也有「眼睛的料理」之稱。而在和食之中，醬油與味噌算是最基本的兩項調味料，在製造的過程裡如果少了重要功臣「麴」，日本人的食物文化彷彿就像缺了一角的拼圖那樣不完整了。西元2013年12月，「和食」被聯合國教科文組織認定為世界非物質文化遺產，在日本獨特的食物文化背後，「麴」一直是低調又重要的存在。

2006年時，日本釀造學會正式將米麴菌認定為「日本國菌」，日本的老祖先們在許多黴菌中發現到有用的麴菌，將之應用到製造味噌、醬油、清酒等深入日本人日常飲食缺一不可的食物，演變成日本食物的文化根基。在日本，最常使用的麴是黃麴菌——在蒸過的米中添加黃麴菌拌勻，靜待繁殖出茂盛的米糀，再製成味噌、清酒、味醂、醋、甘酒等原料，成為日本人每天使用的飲食要角。

● 發酵食品無所不在

我們可以想像一個情境，可能實際發生在你我的生活中——在寒冷的冬天裡，推開拉門進入一家日本餐廳，店員先送上一碗味噌湯讓你暖胃，接著盛了一碟非常入味的醬油味日式煮物，一旁搭配仍保有蔬菜本身鮮味的清爽醃漬小菜，再點幾道老闆推薦的美味下酒菜搭配清酒暢飲，這樣貼近生活的尋常景象，各環節都隱藏了醬油、味噌、味醂、醋、清酒、燒酒、泡盛（沖繩的燒酒）、鹽麴、甘麴等日本飲食文化不能缺少的發酵食品，而且皆利用「麴」製成。換言之，如果世界上少了麴，許多我們習以為常的鮮美調味或經典酒飲，都將不復存在。

透視日式餐桌上的發酵食

在日本餐桌上，發酵食幾乎無處不在，那些常用的醬油、味醂、米酒、味噌等食材，其實也同樣深入台灣人的生活裡，因為製程經歷了發酵程序，增加鮮香讓風味更細緻溫柔。除了調味料之外，黏呼呼的納豆、清脆爽口的醃漬蔬菜，也都是日本人每天愛吃的發酵食品，可以事先做好存放在冰箱好一段時間，每天取一個小碟挾幾片配飯，一丁點就能開胃又解膩。

我家的常備發酵食		
調味料	醬油、味醂、料理酒、醋、味噌、酒粕	直接購買
調味料	鹽麴、甘麴	購買市售米麴，可延伸自製成鹽麴、甘麴
發酵或漬物	納豆、梅子、醃漬蔬菜	直接購買
酒類	清酒、燒酌、泡盛、其他	直接購買

Part 3

用各式發酵調味料，妝點日常餐桌

家，是最暖心舒適的地方。

家庭餐桌，是掌廚者端上美味料理的舞台，大家圍繞餐桌齊聚一堂，享受溫暖用心的手感滋味。

鹽麴

塩こうじ

sauce

01

＊白米（左），米麴（右）

所謂的鹽麴，就是將米麴、鹽巴、水混合攪拌均勻後，經發酵、熟成的調味料。吃起來有鹹味，但鹹中還會帶有經發酵被引出來的鮮味與甜味。

● 成分單純、傳統製作的調味料最好

鹽麴是來自日本東北地區的傳統調味料，幾年前日本即開始流行，而今已成為日本家庭的基本調味料。其實從小在東京長大的我，小時候沒有機會見過鹽麴，一直到長大後才知道它的存在。實際在料理中使用起來就發現，鹽麴替菜增加了鮮味！只是很簡單的醃漬而已，做出來的菜更鮮美，而且其中的鹹味圓潤順口，變得更好吃了！

道理在於，因為鹽麴在醃漬含澱粉或蛋白質的食材時，澱粉或蛋白質會被鹽麴的酵素分解，當澱粉轉變成糖、蛋白質轉變成氨基酸，就提升了鮮味。

● 可醃拌炒，鹽分攝取更少

簡單來講，鹽麴在功用上等同於鹽巴，換句話說，就是鹽麴跟鹽巴可以相互替代。無論醃、拌、炒、做醬，鹽麴的用法和鹽巴一樣，沒有限制。

鹽麴取代鹽巴的方法很簡單，如果食譜上寫「鹽巴1小匙」，就改放「鹽麴2小匙」，「什麼？鹽麴的用量是鹽巴的2倍，會不會不健康？鹽分太高？」請不要被嚇到了唷！雖然食譜中的鹽巴量是以2倍鹽麴取代，但鹽麴裡的鹽分，其實是鹽巴的4分之1 ，所以「鹽麴1小匙」跟「鹽巴1/4小匙」所含的鹽分相同，表面上用了兩倍的量，實質鹽分僅是鹽巴的一半而已。

鹽麴的好處不僅是使用、攝取的鹽分少，更為料理帶來好吃的鮮味，這是一般鹽巴辦不到的，對於希望減低鹽分攝取的人，鹽麴是很推薦的調味料。

	鹽巴（食鹽）	鹽麴
食譜用量代換	1	2
實際所含鹽分比例	1	1/4
風味差異	純粹的鹹味	鮮味，溫和圓潤的鹹味

電鍋做鹽麴，一天就搞定！

在日本，鹽麴已變成家家戶戶的必備調味品，近幾年也開始在台灣流行，可取代鹽使用，
提供溫潤的鹹味並且軟化肉質、帶出鮮味，又有「魔法調味料」之稱。

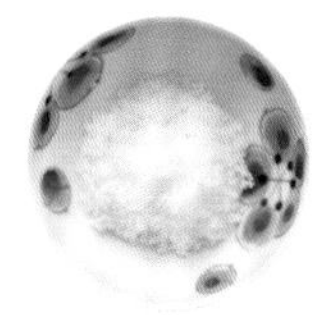

美味memo

- ☐ 原本需要10-14天發酵熟成，但用了電鍋，只要一天就能完成！
- ☐ 海鹽的礦物質豐富，做出來的鹽麴顏色較深，味道也較柔和。
- ☐ 鹽麴醃菜、魚、肉、蛋、起司都可，用量是材料重量的1/10，舉例來說，若雞肉100公克，則要添加鹽麴10公克醃漬，同時還能提升食材鮮味！

自家鹽麴

處理時間：15分鐘
發酵天數：10-12小時
保存期限：冷藏6個月

材料

海鹽 80公克
乾燥米麴 240公克
水 320毫升

製作方法

1 量好份量，鹽：麴：水＝1：3：4。

2 煮好60°C的水（也可在熱開水中慢慢加冷開水，一邊查看溫度計確認降溫）。

3 在等水降溫的同時，取電鍋內鍋，把米麴和鹽放入內鍋裡。

4 用手捏抓約5分鐘，讓鹽充分融入米麴到有一點點結塊感。

豆知識

鹽麴健檢——
發酵成功還是酸腐失敗？

自製鹽麴的黃金比例是「鹽：麴：水＝1：3：4」，如果有腐敗味，通常是鹽巴放得不夠多讓壞菌入侵，建議調整比例重新製作（鹽對麴的比例，不要低於30%）；如果發酵時間到了，但米麴芯還未變軟、糊化，嚐起來也沒有溫和甜鹹味，可查看是否溫度過高，原理在於高於60°C麴菌會被殺死，無法進行發酵。

5 把60°C的水以慢慢繞圈的方式，倒入作法❹裡。

6 每次用手取一點點米麴（與鹽），像洗手一樣慢慢搓，搓好後再拿另一點起來，不斷重複（日本人形容這個動作就像拜拜的樣子）。

7 等到水從原本的透明變成帶點牛奶的顏色。

豆知識

鹽麴好好用的4項優點

1 鹽麴可以取代鹽巴，減少鹽分攝取，降低精製鹽的用量。
2 含澱粉或蛋白質的食材，只要被鹽麴中的酵素分解，澱粉就會轉變成糖、蛋白質轉變成氨基酸，增加了鮮味，跟其他人工調味料、味精說拜拜。
3 鹽麴帶有天然的甜味，能減少砂糖使用量。
4 鹽麴是經發酵而得的調味品，內含對身體有助益的活菌。

8 放入電鍋蓋子蓋起，不加水按下保溫，讓溫度維持在60℃上下，可隨時打開來查看一下溫度。發酵10-12小時，等米麴芯變軟、嚐起來帶點溫和的甜鹹，且有點勾芡即可。

More to Know

一定要用電鍋做鹽麴嗎？

用電鍋的好處是提升溫度，如此可以減短發酵時間，但如果不想用電鍋，可把作法❷換成冷開水，裝在密閉的盒罐裡（七分滿即可）每天開蓋上下翻攪一次，夏天發酵10天、冬天發酵14天即可。

不過，需要注意的是，一般市售的鹽麴可以替代鹽巴，但大部分市售鹽麴為延長保存效期，出貨前會進行加熱處理停止發酵，所以鹽麴裡的酵素已被高溫殺死，無法發揮讓蛋白質柔軟或分解蔬菜澱粉的增鮮效果，如果期待鹽麴讓菜餚更鮮美，那麼使用的鹽麴最好自己做！

上方是電鍋做的，下方則是在自然的環境裡發酵，外觀、形態與味道都相差不大，但下方的尾韻稍微豐富些。

鹽麴 Recipe 01

雞胸肉火腿

鶏ハム

一般自家製的雞火腿，會使用鹽巴和糖來醃，我們運用的鹽麴有天然的甜味，所以自製鹽麴雞火腿雖然仰賴鹽麴為主調味，也會有軟嫩的肉質與深深的鮮味。

材料（2人份）

雞胸肉　1片（約150公克）
鹽麴　約15公克
　（雞胸肉重量10%）

【配菜】

柚子胡椒、紫蘇葉　適量
醬油　適量

作法

1. 雞胸肉去皮，切開成厚度平均，用叉子戳10下幫助入味。
2. 把鹽麴擦在雞胸肉的上下兩面，以保鮮膜密閉包捲起來。
3. 再一次用保鮮膜包起，兩邊像糖果包裝一樣扭緊，用橡皮筋或扭緊打結固定。
4. 進冰箱冷藏靜置休息一晚。
5. 鍋子放水煮至沸騰後，放下雞胸肉（連同保鮮膜），改小火煮2分鐘。
6. 關火，蓋上鍋蓋悶30分鐘。
7. 雞火腿撈出待涼，切成自己喜歡的厚度，搭配紫蘇葉、醬油、柚子胡椒盛盤即完成。

作法1

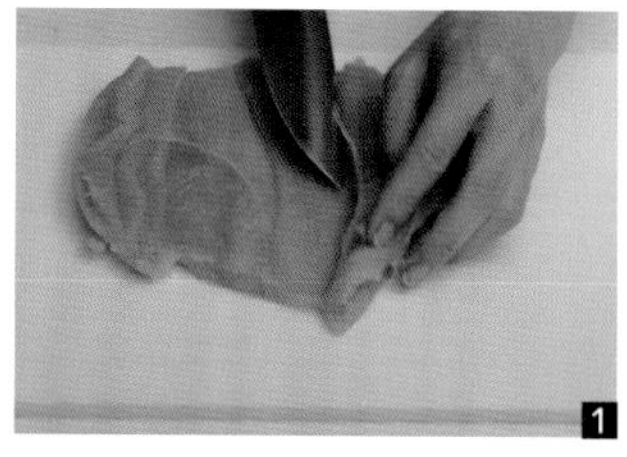
1

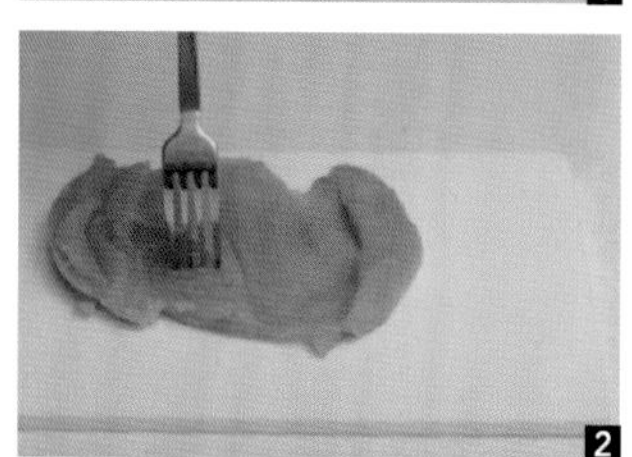
2

作法2

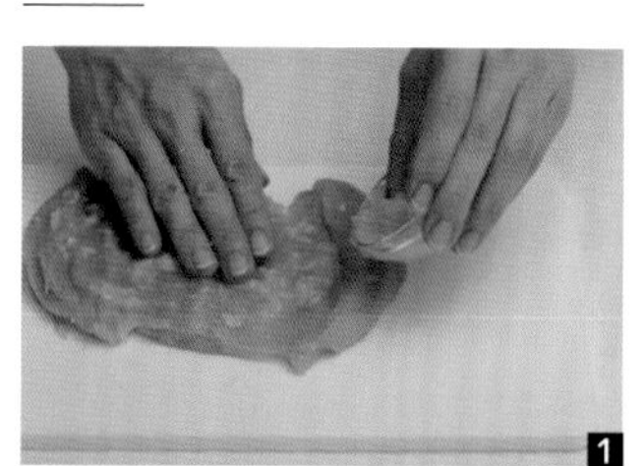
1

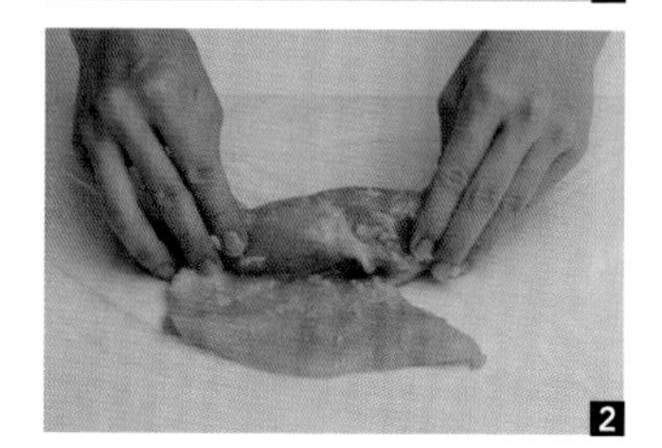
2

作法3

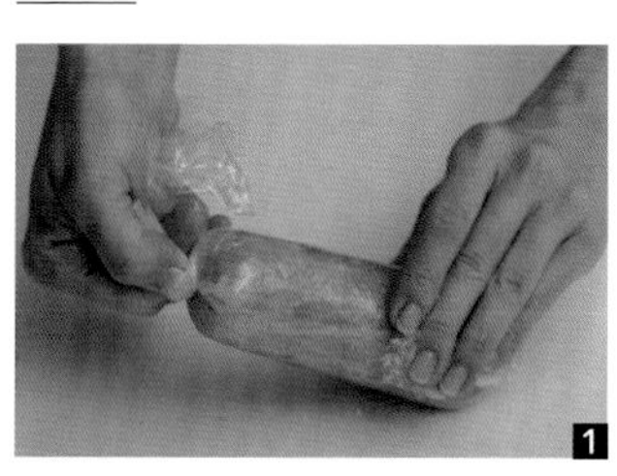
1

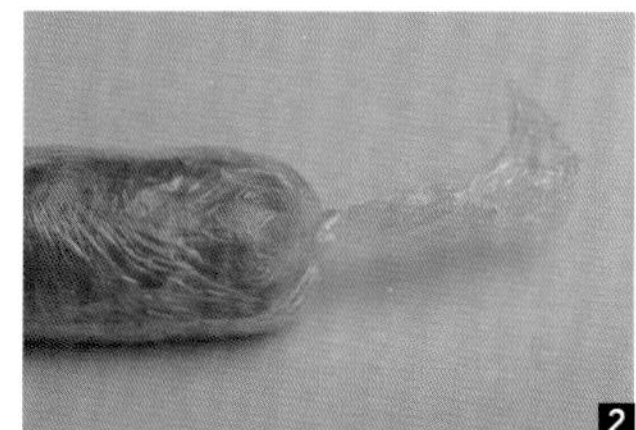
2

柚子

鹽麴 Recipe 02

燒烤鮭魚

焼き鮭

Key Points
醃魚
燒烤

除了雞肉、豬肉適合以鹽麴醃漬，還有鮭魚、鯖魚、鯛魚等魚類，
因為肉質柔軟細緻，用鹽麴調味也很好吃。

材料（2人份）

鮭魚　2片

鹽麴　適量（鮭魚重量10%）

【配菜】

紫蘇葉　1-2片

蘿蔔泥　少許

檸檬　1/6片

醬油　適量

作法

1. 視鮭魚片大小，以鮭魚重量10%的鹽麴醃漬，收入冰箱冷藏。少則醃漬半天、長則1-2天，醃漬越久越入味好吃。
2. 醃好後稍微將鮭魚表面的鹽麴擦拭掉，可以墊一張烘焙紙直接入烤箱烘烤或下鍋煎熟。
3. 盛盤，以紫蘇葉裝飾，並在盤中擺檸檬片，放一撮白蘿蔔泥、淋點醬油即可上桌。

這樣煎烤，鮭魚更漂亮！

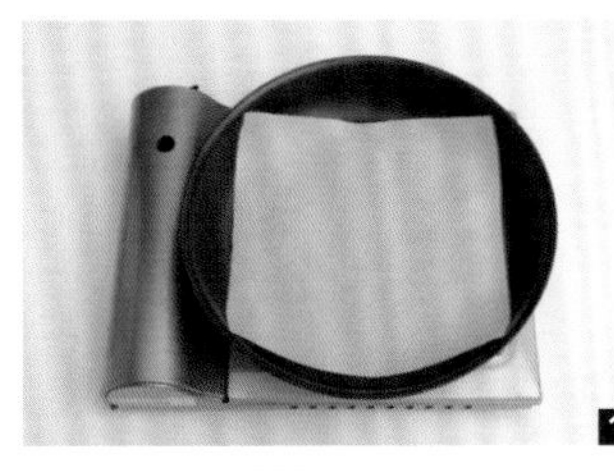

1

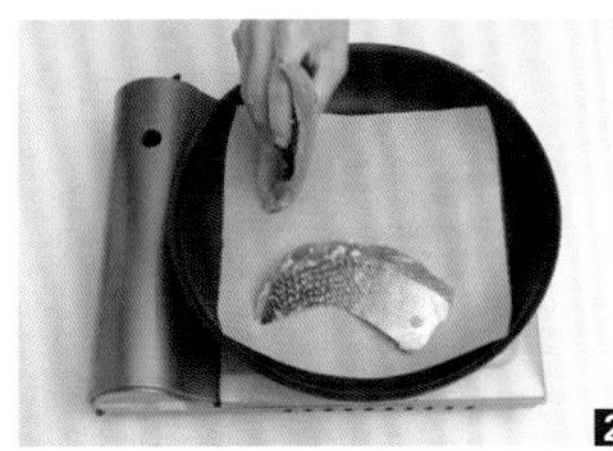

2

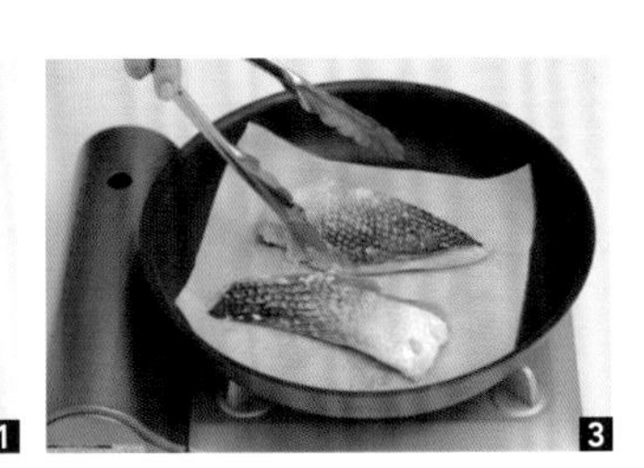

3

4

Step 1　視平底鍋大小，剪下適當的烘焙紙，鋪上。

Step 2　開火，鮭魚肉面朝下，入平底鍋煎烤。放鮭魚前可先將表面的鹽麴稍微擦掉，以免太快燒焦。

Step 3　待魚肉變熟再翻至皮面朝下，過程中可用夾子掀起邊緣查看熟度（不要夾掀太多次，以免魚肉碎散）。

Step 4　煎烤至魚肉完全熟透、兩面微焦、香氣四溢即可起鍋。

鹽麴 Recipe 03

日式炸雞

鶏のから揚げ

Key Points
醃肉
炸物

這道是我家的經典家常菜，吃過的大人小朋友都喜愛，鹽麴醃的雞肉柔軟多汁很迷人，既下飯又下酒好吃到停不下來！因為也會加醬油，所以鹽麴可以減量。

材料（2人份）

雞腿肉　300公克
全蛋液　1/2顆
低筋麵粉　2大匙
太白粉　1大匙
沙拉油　適量（炸雞用）

【醃肉醬】

鹽麴　15公克
　（雞腿肉重量5%）
醬油　1/2大匙
米酒　1/2大匙
老薑泥　1/2小匙
蒜泥　1/2小匙

【配菜】

檸檬片、高麗菜絲、小番茄、
美乃滋　適量

作法

1　雞肉去骨，切成可以一口吃的大小。
2　將肉與醃肉醬抓醃拌勻，放進夾鏈袋，醃漬30分鐘到半天（醃越久越入味）。
3　夾鏈袋裡加入蛋液拌勻，沾裹太白粉和低筋麵粉，以180°C炸5-6分鐘。
4　盛盤，可搭配高麗菜絲、檸檬片、小番茄、美乃滋一起食用。

鹽麴 Recipe 04

鹽麴風韓式生菜包肉

サムギョプサル風塩こうじ焼き肉

Key Points
醃肉
燒烤

因為是用鹽麴醃漬的，所以五花肉會有更多鮮味，建議可以將肉切厚點，烤到肉表面金黃、有點焦脆更好吃，也比較爽口不膩。為了讓營養更均衡，可以選擇自己喜歡的生菜、紫蘇葉、韓式泡菜等一起包裹，配上辣醬香氣更棒。

材料（2人份）

五花肉（塊） 300公克
鹽麴 30公克
（五花肉重量10%）

【燒肉醬】

鹽麴、胡麻油 適量

【配菜】

泡菜、韓式生菜、紫蘇葉、大蒜、辣椒、紅蘿蔔絲、小黃瓜絲 適量

作法

1 在五花肉正反面均勻塗抹上鹽麴，稍微替肉按捏一下幫助入味。
2 將肉放入夾鏈袋，擠掉裡面的空氣密封，收進冰箱冷藏醃漬至少一晚，如發現出水可倒掉（可冷藏保存3-5天）。
3 將燒肉醬的材料（鹽麴與胡麻油）攪拌均勻備用。
4 把醃好的五花肉取出，表面水分擦掉，切成厚1公分片狀，平底鍋不擦油開火烤肉（烤到肉表面金黃色、有點焦脆較好吃）。
5 取生菜，包肉與喜歡的蔬菜（紫蘇葉、紅蘿蔔絲、小黃瓜絲、大蒜、辣椒）和泡菜，沾燒肉醬食用。如愛吃辣，包肉時可以淋上鹽麴辣椒醬也很好吃。

鹽麴半熟蛋

塩こうじ漬け卵

Key Points
醃漬
半熟蛋

材料（2人份）

鹽麴 2大匙
半熟水煮雞蛋　4顆
紫蘇葉　少許

作法

1 準備一個小鍋，裡頭放雞蛋和水，煮至沸騰後轉小火煮6分30秒，煮至雞蛋半熟。
2 雞蛋取出放涼，剝殼。
3 水煮蛋和鹽麴一起放入夾鏈袋裡，盡量把空氣擠出，醃3天以上。

鹽麴 Recipe 06

涼拌小黃瓜

キュウリの浅漬け

Key Points
醃蔬菜
涼拌

材料（2人份）

小黃瓜　2條
鹽麴　適量
（小黃瓜重量10%）

作法

1　小黃瓜洗淨切掉頭尾，再切成可以一口吃下的大小。
2　夾鏈袋放入小黃瓜與鹽麴，稍微搓揉一下，醃漬1-3小時即可食用。

鹽麴 Recipe 07

雞肉河粉

鶏ハムのフォー

Key Points
簡易高湯
雞肉火腿應用

河粉添加了米的成分，吃起來帶有Q勁，搭配鹽麴雞胸肉火腿，和一些清爽的青菜，是一道清淡爽口又香氣十足的料理，喜歡辣味的人，可以準備一點鹽麴辣椒醬沾拌。

材料（2人份）

雞肉火腿　70公克
京水菜　20公克
香菜　20公克
豆芽　100公克
青蔥　少量
炸洋蔥　少量
辣椒　少量
檸檬片　2片
河粉　100公克
雞湯粉　2小匙
水　800cc
魚露　1/2大匙
檸檬汁　1/2大匙
鹽巴、胡椒　少量

作法

1. 把鹽麴醃雞肉火腿（P.46）切成約5mm厚6片，備用。
2. 河粉先泡水5分鐘，另備一鍋水煮至沸騰，再煮河粉5-6分鐘，撈起。
3. 接著煮高湯，將雞湯粉、魚露、檸檬汁、鹽巴、胡椒放入沸水中拌勻，備用。
4. 河粉放入麵碗中，倒入熱湯，擺上切好的雞肉火腿、京水菜、豆芽、香菜、蔥花，並以少許辣椒和炸洋蔥點綴即完成。
5. 可視喜好擠上檸檬汁或搭配辣椒醬，更加美味。

鹽麴辣椒醬，增加香＆辣！

材料：
鹽麴4大匙、辣椒粉1大匙

作法：
將鹽麴和辣椒粉攪拌調勻，至無粉塊即可。

270

鹽麴 Recipe 08

豬肉蔬菜湯

塩こうじ豚のポトフ

Key Points
醃肉
煮湯

因為湯的鹽分從調味醃豬肉的鹽麴而來，所以這裡放的鹽麴是豬肉重量20%，試吃如果覺得湯鹹味不足，可以再加點鹽麴（或鹽巴）。最棒的是，這道湯品不需要放湯包或湯塊，鹽麴就會自動提升肉和蔬菜的鮮味，清淡卻很有滋味。

材料（2人份）

梅花肉　300公克
鹽麴　60公克
（豬肉重量20%）
紅蘿蔔（小）　1條
洋蔥（小）　1顆
馬鈴薯　1顆
杏鮑菇　1條
蘆筍　2根
黑粒胡椒　2小匙
月桂葉　1片
鹽麴　少量（最後調味）
水　600-700cc

【配菜】

芥末籽醬　適量

作法

1. 鹽麴塗抹於梅花肉表面，稍微按捏一下，放入夾鏈袋並將空氣擠掉再封口，收進冰箱冷藏1-2天。
2. 蔬菜洗淨，蘆筍削皮切段，杏鮑菇、洋蔥切大塊，紅蘿蔔、馬鈴薯削皮切大塊，備用。
3. 將整塊醃好的豬肉、洋蔥、紅蘿蔔、黑胡椒粒、月桂葉放進電鍋，外鍋加2杯水，蓋上鍋蓋蒸煮（外鍋加水，煮到肉和蔬菜變軟）。
4. 再放馬鈴薯、杏鮑菇，外鍋加1杯水蓋鍋蓋繼續煮，跳到保溫就放蘆筍再蓋上鍋蓋，如果不夠鹹，可加鹽麴（或鹽巴）調味。
5. 肉切成大塊，跟著蔬菜湯一起盛盤，搭配芥末籽醬一起食用。

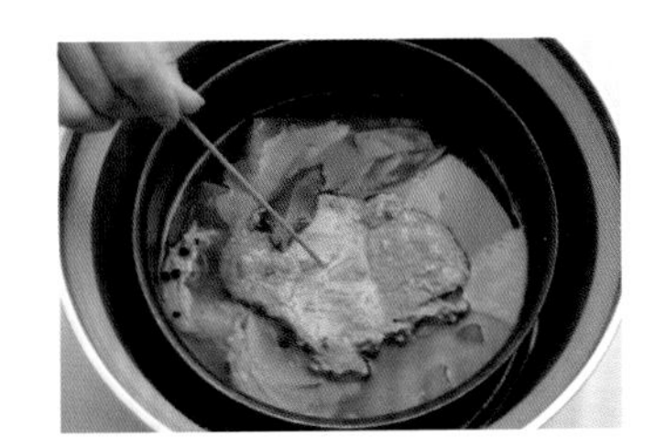

作法3

梅花肉蒸煮到竹籤可輕輕戳入的軟度。

鹽麴 Recipe 09

鹽麴海鮮炒麵

塩こうじ海鮮焼きそば

Key Points
拌炒

幾乎每個國家，都有屬於自己的炒麵作法跟風味。這道日式的鹽麴海鮮炒麵做法簡單，只用鹽麴調味，簡單純粹更能突顯食材的鮮味。

材料（2人份）

日式炒麵麵條（或油麵）400公克
花枝　60公克
蝦子（去殼）　60公克
鹽麴　2小匙（替花枝與蝦子調味）
高麗菜　120公克
紅蘿蔔　15公克
青蔥　3根
鹽麴　6小匙
水　2大匙
黑胡椒　少量
沙拉油　2大匙

作法

1. 首先來備料。將花枝切成一口大小，以鹽麴淋上花枝與蝦子稍微醃漬；高麗菜切成一口大小片狀、青蔥每3公分切段、紅蘿蔔切絲。
2. 熱平底鍋，加1大匙沙拉油炒花枝、蝦子、高麗菜、青蔥、紅蘿蔔絲，加鹽麴攪拌調味，先將食材盛盤備用。
3. 同一平底鍋加剩下1大匙沙拉油，放麵條、水2大匙、鹽麴1小匙，把麵條拌炒至鬆散開來。
4. 將步驟❷的食材倒回平底鍋繼續拌炒，並用黑胡椒調味。

鹽麴 Recipe 10

新鮮蔬菜＋溫蔬菜沙拉醬

温野菜サラダドレッシング

以鹽麴製作醬料，吃起來鹹味很溫柔，不會像鹽巴是刺激的鹹味，同時能提升蔬菜的鮮甜度。

醬料（2人份）

鹽麴　4大匙
橄欖油　6大匙
大蒜　6顆
鮮奶　適量
喜歡的蔬菜　適量（紅蘿蔔、馬鈴薯、玉米筍、蘆筍、甜豆、紅＋黃甜椒、彩色小番茄等）

作法

1　大蒜剝皮，取一小鍋，放大蒜並倒鮮奶蓋過它，煮到大蒜熟軟取出瀝乾。
2　將煮軟的大蒜（不需沖洗）、鹽麴、橄欖油放入食物調理機，攪拌到質地順滑。
3　蔬菜全數洗淨，將紅蘿蔔、甜豆、蘆筍、玉米筍、馬鈴薯燙熟，紅黃甜椒去蒂除籽切條狀、小番茄整粒盛盤。
4　沙拉醬可加熱或冷的都好吃，端上桌以蔬果直接沾沙拉醬吃即可。

鹽麴 Recipe 11

Key Points
醬料

鮮蔬沙拉＋
意大利式沙拉醬
イタリアンサラダドレッシング

因為鹽麴本身已有鮮、鹹、甜味，不需要太多種調味料，單純的調味就很好吃了！

醬料（2人份）

鹽麴　1大匙
橄欖油　4大匙
黑胡椒　少許
白醋　1大匙
紅蘿蔔泥　5大匙（約50公克）
洋蔥泥　1½大匙（約20公克）

沙拉材料（2人份）

櫻桃蘿蔔（小）　2顆
白蘿蔔　80公克
紅蘿蔔　1/8條
綜合生菜（baby leaf）　30公克

作法

1　先將醬料的材料全數攪拌均勻，即成為好吃的鹽麴沙拉醬。
2　櫻桃蘿蔔、白蘿蔔、紅蘿蔔洗淨都切成薄片，綜合生菜葉洗淨瀝乾水分。食用前淋上沙拉醬拌勻即可。

鹽麴 Recipe 12

醃起司夾番茄

塩こうじ漬けモッツアレラチーズのカプレーゼ

Key Points
醃漬

起司和番茄很搭，這樣的組合不只在披薩上出現，變成開胃菜也是很好的選擇！我們這裡用鹽麴替味道較淡的莫札瑞拉起司增添鹹鮮味，搭配牛番茄和羅勒葉，成品排列起來就像個漂亮的花圈，讓餐桌氣氛變得更愉悅。

材料（2人份）

鹽麴　2½小匙
莫札瑞拉起司　1塊
羅勒葉　少許
牛番茄　1顆

作法

1 用廚房紙巾輕擦莫札瑞拉起司，吸收多餘的水分。
2 將莫札瑞拉起司塗抹鹽麴，一起放入夾鏈袋裡醃漬，盡量把袋中空氣擠出，整個夾鏈袋密封放入冷藏，醃3天以上即有豐富迷人的味道。
3 起司取出，切成厚約0.8-1公分片狀，另將羅勒葉洗淨擦乾、番茄洗淨切片，即可排列盛盤。

作法1

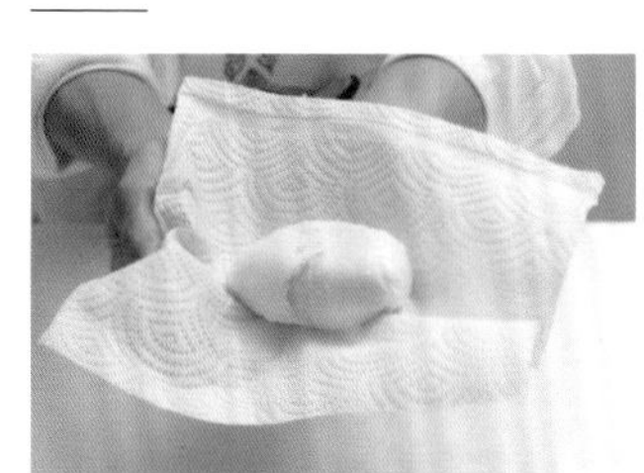

作法2

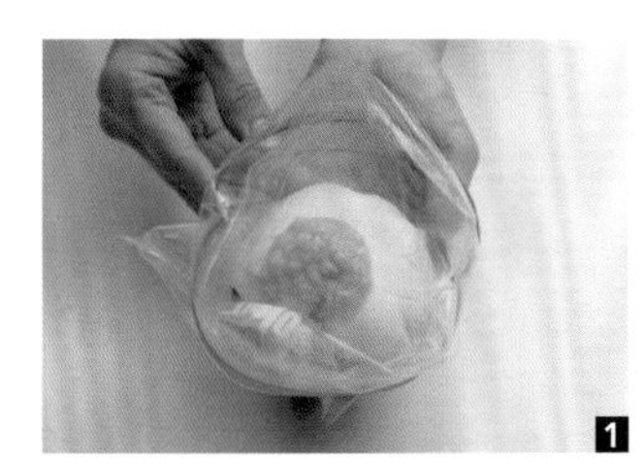

1

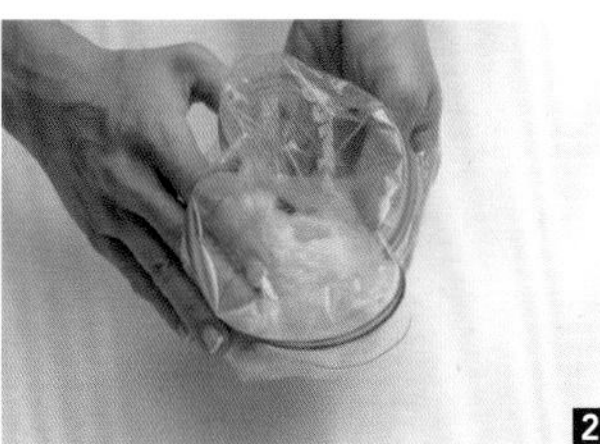

2

鹽麴 Recipe 13

鹽麴醃酪梨
塩こうじ漬けアボカド

酪梨也稱鱷梨、牛油果，是營養價值、膳食纖維、油脂都很豐富的食物，我們用鹽麴醃漬酪梨增添鹹鮮味，就成了一道很清爽的配菜。

材料（2人份）

酪梨　1顆
鹽麴　1大匙
檸檬汁　1小匙

作法

1　去除酪梨的果皮和果核，只留果肉，和鹽麴、檸檬汁一起放入夾鏈袋內。
2　盡量把夾鏈袋內的空氣擠出，收入冰箱冷藏醃半天，取出切片即可。

三步驟，完整取出酪梨果肉！

Step 1　從酪梨中央下刀，深入果核繞切一圈。

Step 2　握住酪梨輕輕轉動，感受果肉與果核分離鬆動。

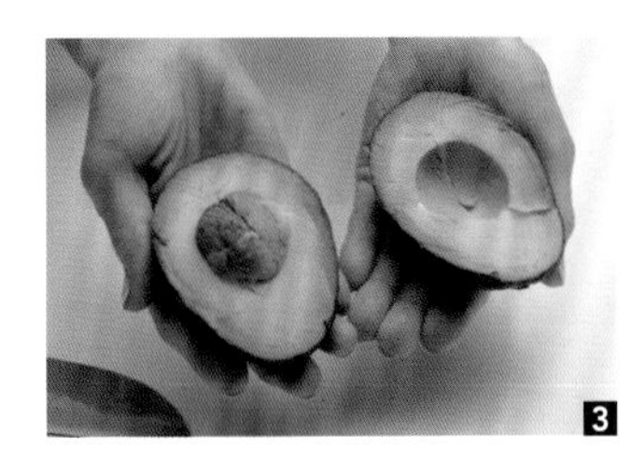

Step 3　以刀或湯匙挖掉果核，再撕掉果皮留下完整的果肉。

鹽麴 Recipe 14

檸檬蒜烤雞

レモン風味グリルドチキン

這是一道看起來很豐盛，其實製作起來一點也不難的料理，只要事先將食材都切、醃好，剩下就是把它們鋪上烤盤，等待25分鐘就可以把熱騰騰的烤雞端上桌囉！

材料（2人份）

土雞（帶骨切塊）300公克
杏鮑菇　2條
紅、黃甜椒　各半顆
大蒜　2顆
鹽麴　適量
（雞肉＋蔬菜重量10％）
橄欖油　1½大匙
檸檬皮絲　1大匙
檸檬（擠汁）　半顆

作法

1　杏鮑菇與甜椒洗淨，切成一口大小；大蒜用刀背壓碎，去皮和芯，備用。
2　用刨絲器磨出檸檬皮細絲（無刨絲器可用刀把檸檬皮切絲），再將檸檬對剖取半顆榨汁，備用。
3　雞肉、杏鮑菇、甜椒、大蒜、鹽麴等調味料都放入夾鏈袋裡，以手搓揉抹勻後封口，放冰箱冷藏最少1小時到半天。
4　食材放進耐熱烤盤，以230℃烘烤25分鐘，烤到雞肉全熟。

作法1

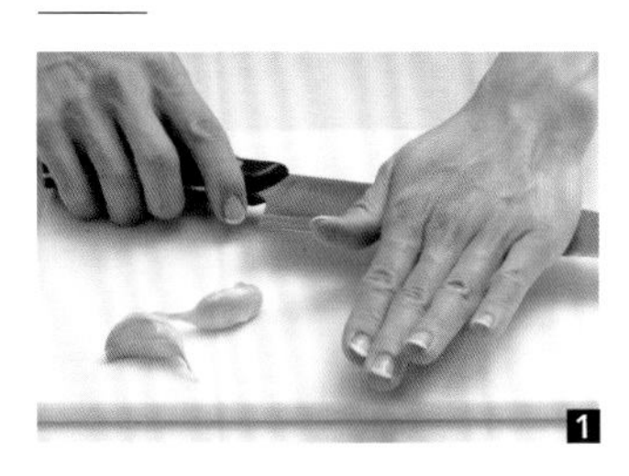
1

2

鹽麴 Recipe 15

鹽麴炊飯

塩こうじピラフ

使用各種色彩繽紛的蔬菜，切成小塊，孩子們會開心地一口接一口吃下。可以用雞肉來替代蝦仁。大人以自己的喜好，可再撒上粗黑胡椒粉。

材料（4人份）

蝦仁（去殼） 200公克（或雞腿肉200公克）

醃用鹽麴 1大匙

洋蔥 1/4顆

紅蘿蔔 1/3條

甜椒（黃／紅） 各1/2顆

鴻喜菇 50公克

玉米粒（罐頭） 50公克

白米 2杯

鹽麴 3大匙

橄欖油 1大匙

奶油 15公克

胡椒粉 適量

乾燥巴西里（歐芹） 適量

作法

1 白米洗淨，浸泡約30分鐘後，將水完全瀝乾。去殼蝦放入碗中，加入鹽麴，醃製約30分鐘。

2 洋蔥、紅蘿蔔，甜椒，鴻喜菇切碎，玉米瀝乾水分。

3 將米、鹽麴、橄欖油和胡椒放入電鍋內，加入稍微少於2杯米水位的水，輕輕攪拌一下，加入蔬菜和蝦（或雞肉），外鍋加2杯水煮飯，至跳起。

4 煮熟後加入奶油拌勻，再放置悶10分鐘。

5 裝盤後可依個人口味撒上乾燥巴西里（歐芹）與粗黑胡椒粉。

作法3

1

2

作法4

1

2

甘麴（甘酒）

甘こうじ（麹の甘酒）

sauce
02

在日本，說到甘酒會聯想到「酒粕甘酒」和「米麴甘酒」這2種不同原料的做法。

第一種是酒粕甘酒，在熱水中加入碎酒粕來煮，另一種則是米麴甘酒，使用糯米和米麴發酵，這兩種甘酒外觀看起來一樣，但喝起來風味卻完全不同。

酒粕原本是製酒後剩餘的殘渣，還留有6-8%左右的酒精，如果是小朋友、孕婦或不太會喝酒的人，喝之前必須先加熱至沸揚充足（利用高溫讓酒精揮發，但同時菌會被殺死，發酵效果也會消失）。不過，因為酒粕本身沒有甜度，煮時必須加糖才行，所以酒粕甘酒也比米麴甘酒熱量高，但酒粕甘酒會留有日本清酒獨特深沉的香氣。

米麴甘酒的原材料是米與麴，在發酵的過程中，米的澱粉會轉變成葡萄糖（澱粉糖化），所以就算沒有加糖，米麴甘酒也會散發自然清新的甜味。

● 甘麴的用途

一般來講，甘麴以直接喝最為普遍。在冷冷的冬天趁熱一口一口喝下，有很好的暖身效果，在熱熱的夏天裡，加點冰塊就變成清涼的甘酒，喝起來也很順口。

對比於甘麴（米麴甘酒），台灣人更熟悉的是甜酒釀，兩者材料相似、作法略有不同——日本甘麴是白米或圓糯米煮成粥狀再拌上米麴，以60℃發酵；甜酒釀則是使用圓糯米（或其他雜糧）煮熟後，撒上酒麴以28-35℃保溫發酵。

除了做成飲料直接飲用之外，甘麴在料理時可以取代糖，這是因為發酵過程裡米的澱粉會被糖化，甘麴散發的自然甜味，比精製過的白糖甜味更溫柔。

＊為了避免酒粕甘酒和米麴甘酒混淆，書中將不含酒精的米麴甘酒用另一別稱「甘麴」做區別。

用電鍋製作好用的甘麴！

第一次喝甘麴的人，都會以為裡頭加了糖，是一種甜滋滋又溫潤的好味道。在日本，新年時都會去寺廟祭拜，這時常會喝到熱甘麴，因此又被視為冬天的祛寒飲品。其實甘麴喝冷、喝熱皆宜，根據小泉武夫在《發酵是種魔法》一書中描寫江戶時代庶民生活的《守貞漫稿》裡，即有幅甜酒攤的解說寫道：「每逢夏天，京都大阪地區的甜酒攤滿街跑！」顛覆不少人以為甘酒只在冬天喝的印象。

Let's Do It!

美味memo

- □ 也可選用白米做，但圓糯米的甜味更明顯！
- □ 電鍋不加水保溫，恰好可維持在適合發酵的60°C。

自家味甘麴

處理時間：15分鐘

發酵時數：10-12小時

保存期限：冷藏2週內

材料

圓糯米　2量杯（約300公克）

乾燥米麴　2量杯（約300公克）

水　6量杯（約900公克）

製作方法

1 洗好米後，把圓糯米與水放入，外鍋加2杯水，將圓糯米煮成粥。

2 煮好後，將粥從電鍋拿起，降溫到60°C（超過70°C麴菌會被殺死）。

3 加入米麹。

4 將米麹與粥攪拌均勻，不用擔心水分不足，發酵時還會出水。

5 把攪拌好的粥與米麹，放回電鍋，蓋子蓋起，不加水，按下保溫，讓溫度維持在60°C左右（不可超過70°C）發酵。

豆知識

甘麹健檢——
發酵成功還是酸腐失敗？

製作甘麹，60°C的溫度控制相當重要。如果時間到了甜味還未出現（或米芯還是硬的），記得查看溫度是否過高或過低，溫度過高會把米麹菌殺死無法發酵；如果溫度過低可以幫其加溫，給予更多發酵時間。不過要特別注意，當甘麹酸掉即表示發酵太久，乳酸菌和酵素又把糖發酵為酸，代表甘麹製作失敗了。

6 需發酵10-12小時，發酵到第6小時、第8小時，可開蓋攪拌一下。

7 等到嚐起來有甜甜的味道，麴芯變軟即可享用。可放涼後直接裝瓶擺冰箱，或是用果汁機把米粒打成泥，喝來口感更滑順。或是可分裝成1人份擺冷凍，可保存1-2個月，解凍時不要直接加熱（溫度過高會消滅菌種），可放冷藏慢慢解凍。

8 夏天時，可1：1兌冰水直接喝，冰涼又營養；冬天，則可加溫水與一點點的薑泥，袪寒暖胃。

甘麴 Recipe 01

甘麴麥片餅乾

甘こうじオートミールクッキー

Key Points
餅乾
烘烤

材料（2人份）

甘麴　50公克
鹽麴　少許（可用鹽巴取代）
麥片　80公克
低筋麵粉　40公克
沙拉油　2大匙
豆漿　4大匙（可用鮮奶取代）
葡萄乾　55公克
蜂蜜　2大匙

作法

1 將麥片與低筋麵粉放在碗裡拌均勻。
2 接著放入甘麴、鹽麴、沙拉油、豆漿、蜂蜜，再次攪拌均勻成麵糊。
3 最後加入葡萄乾，輕輕的攪拌。
4 把麵糊揉成圓形再稍微壓扁平，全部均分成15-20份，排到烤盤上。
5 放入預熱好160°C的烤箱，烤約20分鐘至熟即可。

甘麴 Recipe 02

甘麴飲

麹の甘酒（冷やして、温めて、しょうがを足して）

Key Points
飲料
（冷熱皆宜，加老薑泥）

材料（1人份）

甘麴　適量
冰塊　適量（冷飲）
老薑泥　少許（熱飲）

作法

冷飲　夏天時，可將「甘麴：冰水＝1：1」兌冰水直接喝，或甘麴加冷水、一點冰塊調合均匀，冰涼又營養。

熱飲　冬天時，可用甘麴加溫水與一點薑泥拌匀，祛寒暖胃。

甘麴 Recipe 03

甘麴芒果奶昔

フルーツスムージー

在日本，甘麴因為營養豐富被稱為「可喝的點滴」，我們以新鮮水果和甘麴打成果昔，口感清爽且兼顧健康！

材料（1人份）

甘麴　5大匙
芒果　1量杯
（或草莓等其他季節性水果）
優格　2大匙
水　適量

作法

1　芒果洗淨，去皮切塊保留果肉。
2　將芒果、甘麴、優格、適量的水全放入用果汁機，攪打至均勻細緻。
3　將芒果奶昔裝杯，放入幾顆冰塊、上頭撒一小匙芒果塊即可。

甘麹 Recipe 04

涼拌根菜雞肉

根菜の甘こうじ胡麻和え

Key Points
涼拌

材料（2人份）

喜歡的根莖類蔬菜
（牛蒡、紅蘿蔔、蓮藕等） 適量
雞柳 2條
美乃滋 2大匙
甘麴 1大匙
白芝麻醬 1小匙
鹽 1/4小匙

作法

1 將根莖類蔬菜削皮切絲或切小片，以熱水燙熟（水裡可加1/4匙鹽麴），瀝乾備用。雞柳燙熟剝絲備用。
2 另將美乃滋、芝麻醬、甘麴、鹽攪拌均勻。
3 把作法2調製的醬料淋到根菜上，攪拌一下即可上桌！

甘麴 Recipe 05

甘麴醃蘿蔔

甘こうじのべったら漬け

Key Points
醃漬
小菜

材料（2人份）

白蘿蔔　250公克
鹽麴　25公克
　　（取蘿蔔重量10%醃漬）
甘麴　75公克
辣椒乾　1根

作法

1 削下白蘿蔔皮，蘿蔔一開為二，再視大小切成厚5mm的扇形片狀。
2 夾鏈袋裡放入白蘿蔔和鹽麴（鹽麴量為蘿蔔重量10%，可依此類推），從袋子外面稍微搓揉抹勻，先放冰箱醃漬一晚。
3 隔著夾鏈袋稍微捏壓蘿蔔片，把擠出的水分倒掉。
4 放75公克的甘麴與辣椒乾，再醃1天後即可食用。

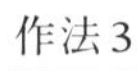

作法3

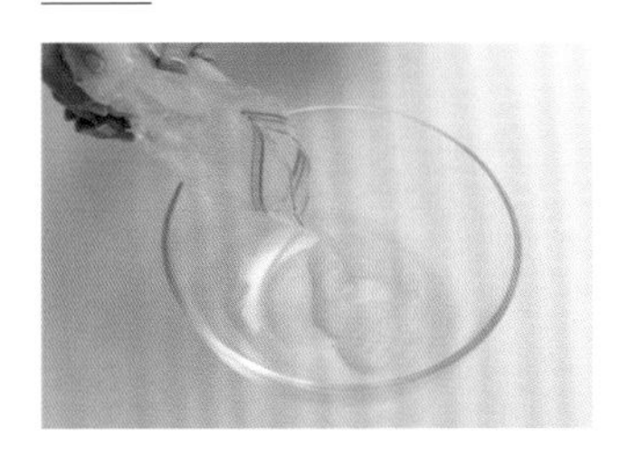

甘麴 Recipe 06

Key Points
拌炒
便當

甘麴雞肉鬆便當（日式三色便當）

鶏そぼろ三色弁当

小時候媽媽為我做的便當，其中，我最愛吃這款三色便當。在學校打開便當盒，發現是它我一定開心極了！三色便當裡，以甘麴取代了糖，吃起來是一種很溫柔的風味。

材料（2人份）

【雞肉鬆】

雞肉絞肉　200公克
醬油　1½大匙
甘麴　3大匙
本味醂　1小匙
米酒　1大匙

【炒蛋】

雞蛋　2顆
甘麴　1½大匙
米酒　1/2大匙
鹽麴　1/2小匙

【其他】

豌豆　25公克
白飯　2碗

作法

1　首先來製作雞肉鬆，取一小鍋放入全部材料，開中火，拿著幾雙筷子（5-7根）不停翻攪，直到雞肉絞肉變鬆散，完全熟透即可。

2　接下來製作炒蛋，取一小鍋放入全部材料，開中火，拿著幾雙筷子（5-7根）攪拌，不停翻攪，直到蛋液鬆散開來，完全熟透即可。

3　另取一小鍋，放水煮到沸揚，加一點鹽巴（分量外）將豌豆燙一下馬上撈出，瀝乾水分，切絲。

4　便當盒先盛裝白飯鋪底，鋪上雞肉鬆、炒蛋，中間交界處放豌豆絲即完成。

作法1

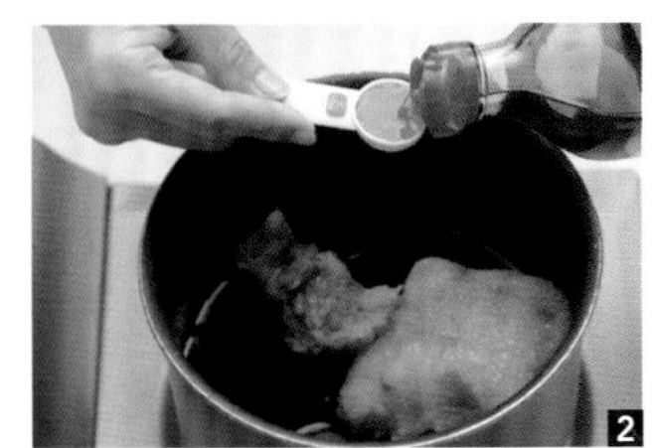

甘麴 Recipe 07

甘麴炸醬麵

赤みそジャージャー麵

Key Points
炒醬
乾拌麵

台灣人常吃的，是甜麵醬口味的炸醬麵，這次我介紹不一樣的風味，有小朋友的家庭可以不要加豆瓣醬，再另加1大匙甘麴，味噌的香加甘麴的微甜，大家一定都愛吃。

材料（2人份）

油麵　400公克
豬絞肉　150公克
竹筍（清燙過）100公克
乾香菇　2朵
乾香菇浸泡原汁　2大匙
老薑　1/2小匙
大蒜　1/2小匙
太白粉水　適量（太白粉2小匙＋水2大匙調和）
胡麻油　1/2大匙

【味噌醬】

赤味噌　2大匙
甘麴　2大匙
米酒　1大匙
醬油　1小匙
豆瓣醬　1/4或1/2小匙
水　120cc

【配菜】

蔥白　適量
小黃瓜絲　適量
半熟煮蛋　1顆

作法

1 將老薑、大蒜切碎，竹筍切成1公分立方體。乾香菇放入小碗加水（分量外）蓋過香菇，香菇浸泡到軟。泡香菇的水不要丟，留著備用。
2 另將配菜的蔥白、小黃瓜切絲，水煮蛋對切，備用。
3 碗中放入味噌醬的調味料與香菇浸泡原汁2大匙、水，攪拌均勻，備用。
4 熱平底鍋放胡麻油，加老薑與大蒜爆香，加豬絞肉炒到變色。加入竹筍、香菇，再加味噌醬攪拌，之後放太白粉水煮到自己喜歡的濃稠度，關火。
5 準備一鍋冰塊開水。另將麵條放入滾水中，煮到麵散開，關火撈起。把散開的麵條泡入冰水冷卻再撈起備用。
6 將麵裝入碗中，淋上炸醬，上面擺放蔥白、小黃瓜絲、水煮蛋，可依喜好撒點白芝麻裝飾即完成。

甘麴 Recipe 08

栗子南瓜濃湯

栗かぼちゃのポタージュスープ

煮濃湯原來這麼簡單而很好喝。一點點的鹽巴當角色把整個湯的甜味味道提升。這次沒有用到皮，但也可以皮一起煮成湯，這樣營養更高。

材料（2人份）

栗子南瓜果肉（小） 1顆
（蒸過挖籽，留果肉重量約125公克）
洋蔥 10公克
鮮奶 100cc
甘麴 2大匙
蔬菜高湯塊 半湯匙（約1.5公克）
奶油 1/2大匙
水 100cc
鹽巴 少許
乾燥巴西里（歐芹） 少許

作法

1. 南瓜外皮洗淨，剖開去籽（先不去皮）。
2. 南瓜放入內鍋，外鍋放量米杯1杯的水量，蒸熟取出，放涼。去皮，切成5mm厚度片狀。另將洋蔥切薄片。
3. 熱鍋將奶油融化，先炒洋蔥，再放入南瓜、倒水和蔬菜高湯塊，煮到南瓜熟軟。
4. 全部倒入攪拌機，攪拌到細緻光滑。最後倒入鍋子，加鮮奶、甘麴、鹽巴調味即可。

自製漂亮南瓜盅裝濃湯！

1

3

2

4

Step 1 南瓜整粒蒸熟，以小刀小心的將頂部環切一圈。並小心掀開南瓜蓋，如有粗纖維連接再以刀割斷。

Step 2 以湯匙挖除中央的南瓜籽和粗纖維。

Step 3 小心刮下四周的果肉，注意不要太用力或挖太深，只要穿透瓜皮就前功盡棄了。

Step 4 完成！南瓜盅是很棒的容器，盛裝濃湯好吃又好看！

甘麴 Recipe 09

豆漿鬆餅
ホットケーキ

Key Points
煎烤
鬆餅
果醬

豆漿鬆餅很有營養，而且以甘麴取代了糖，融合一點點蜂蜜，甜味更清新，當成早餐或下午茶點心都非常適合呢！

材料（2人份）

甘麴　150公克
低筋麵粉　200公克
泡打粉　1/2湯匙（6公克）
蛋黃　1顆
蛋白　1顆
沙拉油　2大匙
豆漿　160cc（也可用牛奶取代）
蜂蜜　1湯匙

【綜合莓醬】

綜合莓果（冷凍）　100公克
砂糖　30公克
蜂蜜　1大匙
檸檬汁　1/2小匙

作法

1. 首先來製作綜合莓醬。將冷凍莓果放入小鍋子，加糖、蜂蜜、檸檬汁，先靜置1小時。開火煮到沸騰冒泡後關火，備用。
2. 將蛋黃和蛋白分離，蛋白打發至拉起尖角可以直立的程度。
3. 低筋麵粉與泡打粉混合，過篩2次。
4. 另準備一只碗，先把蛋黃、甘麴、蜂蜜放入攪拌均勻。
5. 倒入沙拉油和豆漿繼續攪拌，放低筋麵粉與泡打粉，攪拌至呈滑順感。
6. 把一半的蛋白霜混入麵糊中，用橡皮刮刀翻轉及畫圈的方式攪拌均勻，然後放入剩下的蛋白霜，混合均勻。
7. 準備一平底鍋，倒入分量外的沙拉油，用廚房紙巾擦拭鍋面（如此可讓鍋子均勻佈滿油，料理卻不會吸收太多油脂）。
8. 倒入鬆餅液，煎至兩面焦黃即完成，可搭配綜合莓醬或其他果醬一起吃。

作法2

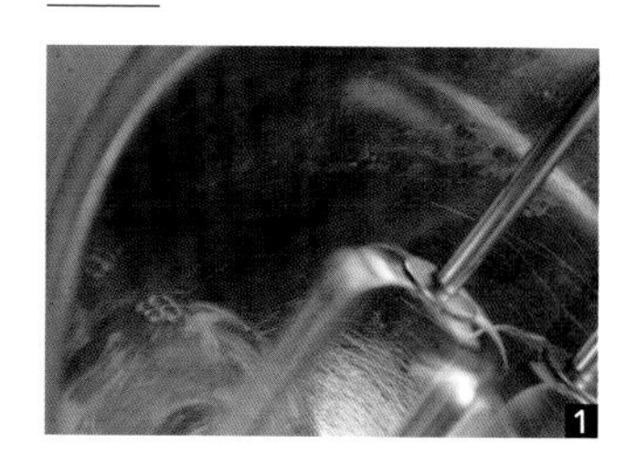
1

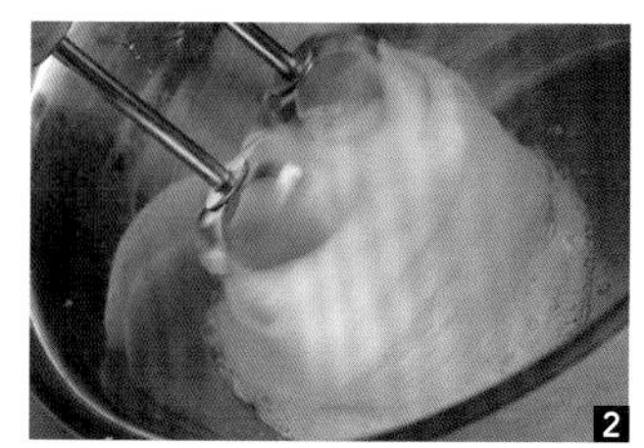
2

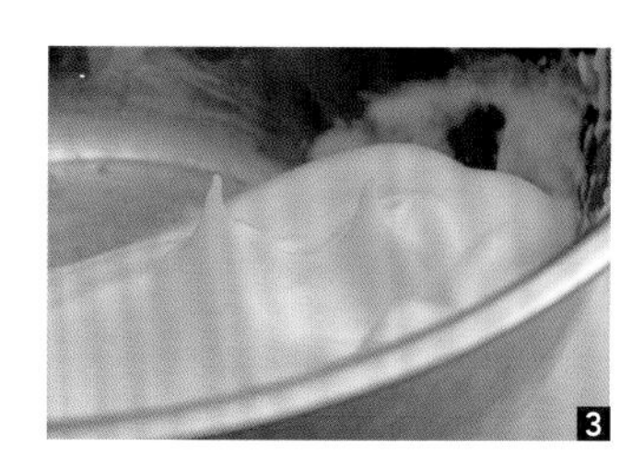
3

甘麴 Recipe 10

季節水果冰淇淋

季節のフルーツアイスクリーム

自己做冰淇淋的好處，可依喜好來調整甜度，完全不用任何人工添加物或香料，倚靠甘麴和水果提供天然的酸甜味就很好吃了！除了芒果，選用草莓、藍莓也很合適。

材料（2人份）

甘麴　300公克

優格　150公克

鮮奶　100cc

芒果（中）　1顆（果實200公克）

＊如果愛吃很甜，可再另加麥芽糖20公克。

【裝飾】

芒果　1顆（切小塊或切小片裝飾）

作法

1. 將甘麴放入調理機（或攪拌機），攪拌到細緻光滑。
2. 食物調理機（或攪拌機）中再放入優格等其他材料，攪拌到順滑。
3. 把冰淇淋泥倒入耐冷凍的容器內，冰凍最少5小時。
4. 每隔1個小時，將冰淇淋取出以叉子翻拌一次，做出來的口感會比較滑順。

甘麴 Recipe 11

Key Points
醬料
拌菜

三色蔬菜芝麻拌菜

三色野菜のごま和え

菠菜芝麻拌菜（ほうれん草の胡麻和え）是在日本家庭常見的配菜之一，這次使用黑芝麻粉，可在雜糧店或是台灣超市的穀物麥片區找到。

材料（2人份）

菠菜或青江菜　1把（150公克）
豆芽　100公克
紅蘿蔔　1/3條
甘麴　2大匙
醬油　1大匙
黑芝麻粉　2大匙

作法

1　在碗中放入甘麴、醬油和黑芝麻粉，攪拌均勻，備用。
2　菠菜和紅蘿蔔切成4-5公分的長度，和豆芽一起燙熟後過冷水，將水擠出，與醬料拌勻即完成。

作法1

甘麴 Recipe 12

抹茶磅蛋糕

抹茶パウンドケーキ

Key Points
磅蛋糕
無打發
烘烤

日式飲食常融入抹茶為主元素，再搭配上甜蜜鬆軟的煮黑豆，就成了一道深具特色的日式甜點，香氣十足。

材料

低筋麵粉　95公克
抹茶粉　5公克
甘麴　100公克
砂糖　2大匙
無鹽奶油　100公克
蛋液　2顆
日式煮黑豆　60-70公克
泡打粉　5公克
長方形磅蛋糕烤模　1個
(長度約17公分模型)

作法

1 將甘麴放入調理機（或攪拌機）中，攪拌到細緻光滑。
2 烤模內鋪白報紙，或內壁抹上奶油撒麵粉，以防沾黏。
3 低筋麵粉、抹茶粉、泡打粉，一起混合過篩2次。
4 日式煮黑豆放廚房紙巾上吸乾水分。另將無鹽奶油放置常溫軟化。
5 將已軟化的無鹽奶油攪拌到偏白軟滑狀，再加入砂糖，一樣拌至偏白軟滑狀，甘麴分兩次加入攪拌。
6 少量逐次加入（約1大匙的量）散蛋液，每次都攪拌至完全均勻再加入蛋液，且每次都要攪拌均勻避免油水分離。
7 加入黑豆，用矽膠刮刀攪拌。
8 攪打均勻後，加入已過篩的粉類，以「切拌法」將麵糊翻拌均勻。麵糊倒入烤模，以刮刀抹平表面。
9 烤模送入已預熱170℃的烤箱烤40分鐘，後以竹籤插入沒沾黏即代表熟透。
10 取出稍微降溫後拿出蛋糕，置於網架放涼後包保鮮膜再放1天，這樣蛋糕的風味較好，之後再切成自己喜歡的厚度即可享用。

甘麴 Recipe 13

甘麴蒸蛋糕

甘こうじの蒸しパン

Key Points
蒸
無油

蒸蛋糕以清爽無油為特色，點綴上經典的日式鹽漬櫻花，鬆軟綿密
不僅大人喜歡，小朋友跟長輩也很適合食用。

材料（4顆蒸糕份量）

低筋麵粉　100公克
泡打粉　1小匙
蛋液　1顆
甘麴　100cc
砂糖　2大匙
水　50cc
鹽漬櫻花　4朵

作法

1. 低筋麵粉、泡打粉，一起過篩2次。
2. 耐熱容器內先鋪放烘培紙杯。
3. 電鍋外鍋倒入水至2公分高，待沸。
4. 將甘麴放入調理機（或攪拌機）攪拌到細緻光滑，再倒入不鏽鋼盆中。
5. 鹽漬櫻花泡水10分鐘去除鹽分，撈起鋪在廚房紙巾上吸水擦乾，備用。
6. 在步驟4盛裝甘麴的不鏽鋼盆裡，放入砂糖攪拌，再倒入已打散的蛋液拌勻，之後加水攪拌。
7. 最後將過篩的粉類倒入不鏽鋼盆，以切拌方式翻攪，以免麵粉產生筋性。
8. 倒入耐熱容器中6成的高度，上面擺放鹽醃櫻花。
9. 將盛裝蛋糕糊的耐熱容器入電鍋，蓋鍋蓋蒸15分鐘，竹籤插入無沾黏即可。

甘麴 Recipe 14

甘麴蘋果派

甘こうじのアップルパイ

Key Points
無糖零食
烘烤

做一道不需用糖的點心吧！大家都愛吃的蘋果派，用甘麴簡單做，小朋友大人一起趁熱，熱呼呼吃！剩下的蘋果餡也能直接變成另一道營養零食喲！

材料（2人份）

富士蘋果　2顆（去皮後的重量約150公克）
甘麴　2大匙
蘋果汁　50cc
檸檬汁　1小匙
水　1大匙
奶油　10公克
肉桂粉　1/4小匙
太白粉水　適量（太白粉1大匙+水1大匙）
冷凍起酥片（12×14公分）　3張
蛋液　適量

作法

1　蘋果去皮、去核，切成骰子大小的塊狀。
2　鍋中放入奶油、蘋果、甘麴、蘋果汁和1大匙水，蓋上鍋蓋，小火煮約5分鐘至蘋果變軟。
3　加入肉桂粉，並用太白粉水勾芡，關火。放涼備用。
4　將冷凍起酥片切一開四（3張共切成12小片）；其中6片各切3刀，在另6片酥皮放上放涼後的蘋果餡。
5　四周邊緣刷蛋液幫助酥皮黏合，再用叉子固定四邊，表面刷上一層薄薄的蛋液。放進以200°C預熱的烤箱，烤12-15分鐘，至酥皮表面呈金黃色即可出爐。

作法4

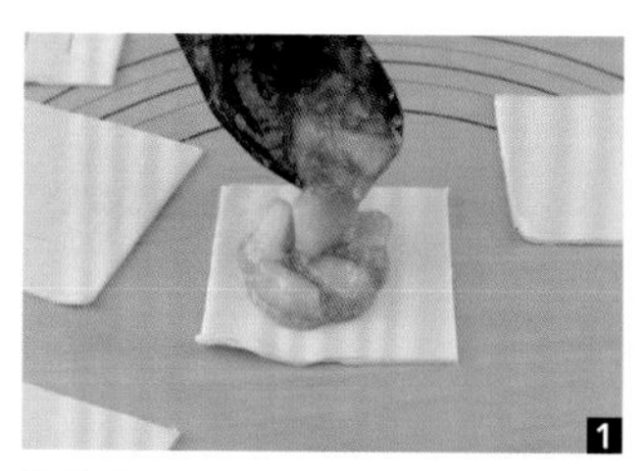
1

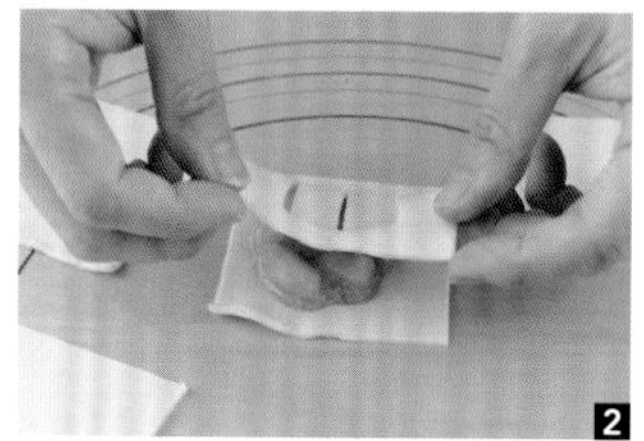
2

作法5

1

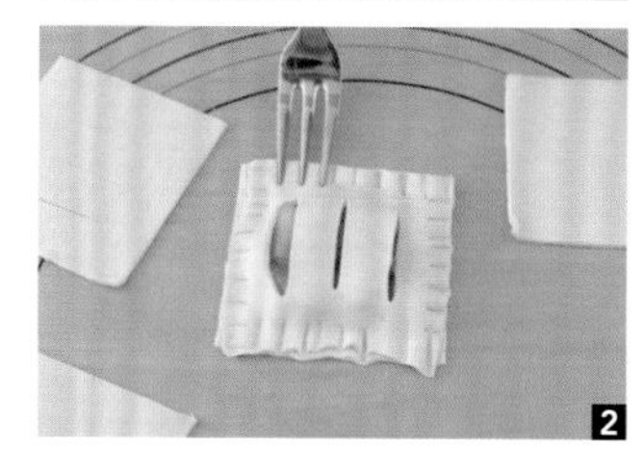
2

味噌

みそ

sauce

03

在我小時候，媽媽的娘家每年都會寄來親自手工製作的味噌。這種味噌被稱為「鄉下味噌」，黃豆顆粒還保留在味噌裡，在氣候乾冷的冬天，約12月底到2月之際，親手做味噌給家人，是以前日本家庭常見的風景。

● 對味噌湯的溫暖記憶

還記得以前，我除了深夜食堂中的定番料理——豬肉味噌湯之外，其他味噌湯我通通不喜歡……因為味噌湯裡總是放了好多蔬菜，尤其是我不喜歡的蔬菜也常出現在裡面……小時候常跟媽媽抱怨，為什麼味噌湯裡總有這麼多蔬菜，直到現在我也為家人掌廚，才懂媽媽在意健康的堅持，希望家人們多吃蔬菜營養均衡。長大之後，味噌湯對我而言，也變成補充營養不能缺少的家常菜。不管早餐、午餐、晚餐，只要聞到和風高湯與味噌的香味，都會讓我感受到幸福。

＊照片為自家釀製的味噌

● 豆米麥都可以是味噌原料

味噌是日本的傳統調味料之一，以最常見的米味噌為例，是在蒸熟的黃豆中添加鹽巴與米麴，長時間發酵醞釀製成的調味發酵食（傳統作法是會放入大木桶封存等待發酵熟成），依據加入米麴、豆麴、麥麴之不同，分別製成米味噌、豆味噌、麥味噌。

一般市售的味噌，因為有較多製作道具輔助，可以將大量蒸熟的黃豆放入機器壓碎成泥，做出來的味噌較細滑、顆粒小，但家裡的手做味噌因為是以手工搗壓成泥，會保留較多黃豆的口感和風味。

● 顏色代表熟成時間長短

影響味噌顏色的關鍵，在於熟成的時間長短。赤味噌（紅色味噌）經歷了長期熟成，白味噌則是短期成熟，介於赤味噌和白味噌之間還有淡色味噌，其中又以長野縣產的淡色味噌較為有名。

赤味噌為了能耐受長期保存等待熟成，所含的鹽分濃度遍高，相對於長期熟成的結果，為赤味噌帶來了有厚度的香醇味。而白味噌雖然成熟時間較短、所含的鹽分也較低，但擁有米麴賦予的自然甜度。

豆知識

味噌的原料種類

一般來講，製造味噌所使用的麴是「米糀（麴）」，日本所出產的味噌，有80%是以米糀為原料的米味噌。其實另外也有「豆麴」與「麥麴」，根據不同地區製造與盛產、各家庭的喜好與運用，導致三者普及度略有差異，但無論是米味噌、豆味噌、麥味噌或調合味噌，都同樣是健康營養的好風味。

＊照片為自家釀製的味噌

自家手作味噌，
豆香與顆粒感更豐富！

對日本人來說，味噌可以用在煮湯或是當醬料、炒菜甚至煎餅調味，生活中幾乎天天都會出現味噌的蹤影。雖然超市也很容易買到，但如果大家有時間願意試著動手做，會發現自製的手工味噌更能講究原料的品質，可以調整鹹淡、比例、軟硬，也保留了更多黃豆的顆粒感，帶來更豐富的口感與香氣。

Let's Do It!

美味memo

- □ 一年四季都能自製味噌，但夏天溫暖潮濕易繁殖雜菌，味噌的失敗率較高，因此建議趁天冷的12月至隔年2月製作較佳。
- □ 發酵長短受季節、氣溫、濕度影響，在日本，夏季需歷時2-3個月、冬季6-12個月，台灣溫暖潮濕，理論上發酵時間更短，但最關鍵的依據還是「試吃」，聞起來有豆香，嚐起來是熟悉、喜歡的風味即完成。
- □ 發酵期間如要外出幾天不能照顧味噌，就放冰箱暫停發酵，低溫是減緩發酵的關鍵，所以試吃後如覺得熟成度適中，那就收進冰箱吧。

自家味噌

處理時間：30-40分鐘
（不含浸泡和煮豆時間）

發酵時數：至少3個月以上

保存期限：冷藏1年內

＊使用這個配方製成的味噌偏甜，喜歡多點鹹味，可以提升鹽的比例，調整成「乾燥黃豆：米麴：鹽巴＝1：1：0.5」。

＊多放米麴會加速發酵進度，做出來的味噌味道偏甜一點。

＊鹽巴最少要放乾燥黃豆的重量一半，以免腐敗。

材料

乾燥黃豆　100公克

米麴　230公克

鹽巴　65公克（建議用海鹽）

製作方法

1 乾燥黃豆水洗，浸泡冷水至少18小時到原本的3倍大。如果隔天早上10點要煮豆，就要前一天下午2點開始浸泡豆子。

2 經過一晚把水倒到，電鍋內鍋放入豆子，再加清水到蓋過黃豆的高度。

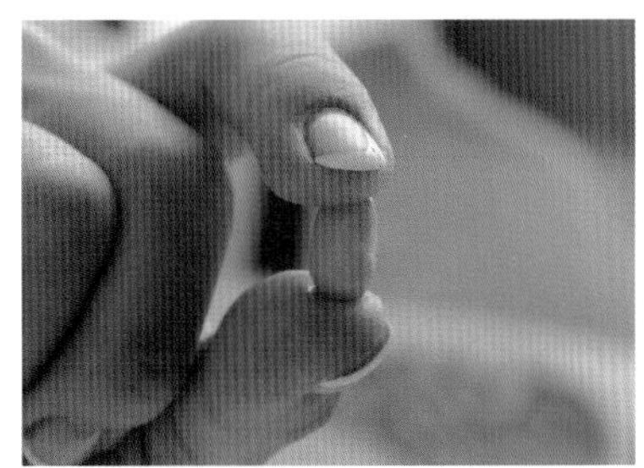

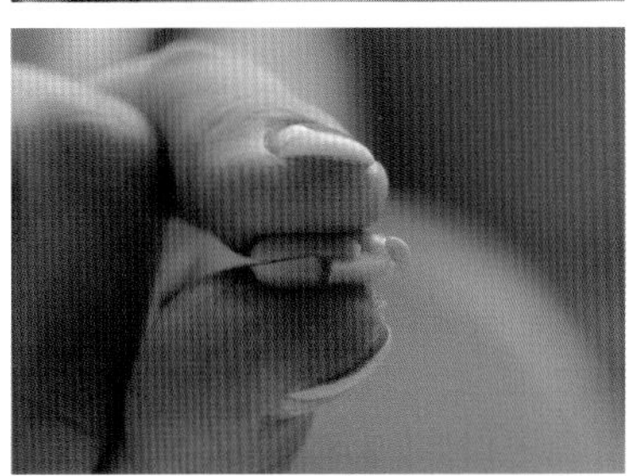

3 蒸煮到拇指與食指可以輕易壓碎黃豆的軟硬度，大約需要外鍋以2杯水蒸煮4-5次的時間，煮好後放涼。

4 將熟黃豆放入調理機，攪拌成豆泥。如手邊沒有調理機，可將黃豆放入夾鏈袋，用瓶子或擀麵棍敲打成泥。

5 準備一個不鏽鋼盆，倒入米麴和鹽巴混合。

6 加入步驟4製成的豆泥，拌勻再揉捏成小丸子。味噌丸的硬度要如人的耳垂，如不夠柔軟，請加一點煮豆水混合均勻。

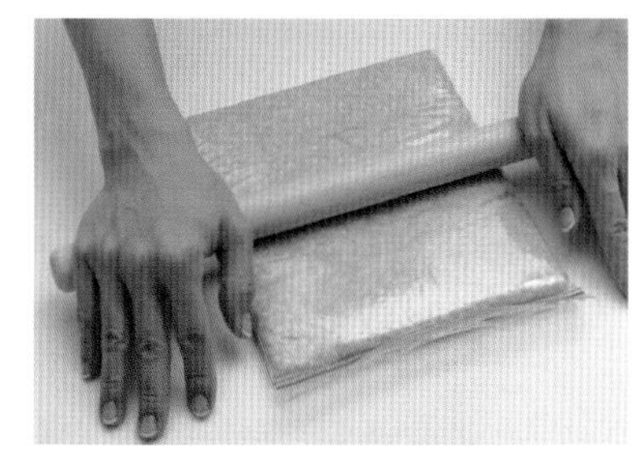

7 將味噌丸從夾鏈袋底層開始密實的裝填，盡量排除空氣，不要有任何空隙，以避免發霉。

8 夾鏈裝外再套一層夾鏈袋，置於常溫無陽光直射而通風的地方，放2-3個月，每天上下翻面。

More to Know

Check！味噌發酵成功或失敗？

如果夾鏈袋裡產生了空氣，這是發酵過程中正常的現象，每次看到空氣把它擠掉就好。待發酵2-3個月後試吃，只要嚐起來有味噌的味道即完成，成品應收進冰箱保存。

經過一段時間發酵熟成，味噌顏色會逐漸變暗變深。

味噌 Recipe 01

Key Points
高湯
火鍋

胡麻味噌豆漿鍋
ごま味噌豆乳鍋

天氣寒冷的時候，可以吃點熱呼呼的食物最棒了，胡麻味噌豆漿鍋就是很好的選擇，味噌加上豆漿煮出來的湯頭溫潤，加上胡麻的香氣，非常開胃。肉片和蔬菜都是薄片，不需要煮太久就能熟透。

材料（2人份）

豬梅花肉火鍋片　150公克
豆漿（無糖）　300cc
白蘿蔔　1/8條（約80公克）
菠菜　1把
青蔥　2-3條
紅蘿蔔　1/2條（約80公克）
杏鮑菇　2條
白芝麻（磨碎）　4大匙

湯底材料

和風高湯　600cc
味噌　3½大匙
本味醂　1大匙
米酒　2大匙
鹽巴　2/3小匙

作法

1. 菠菜和青蔥洗淨，切成5公分長度，以削皮刀將白蘿蔔和紅蘿蔔削成長薄片，杏鮑菇分切成片。
2. 湯底的材料先放入鍋子裡，開中火，先一片一片加豬肉，撈除浮沫，再加入紅白蘿蔔薄片、菠菜、青蔥、杏鮑菇。
3. 火鍋料煮好後轉小火加豆漿，撒上磨過的白芝麻即完成。為免豆漿分離，火鍋料熟後再加豆漿，記住，加入豆漿便不能開大火。

作法1

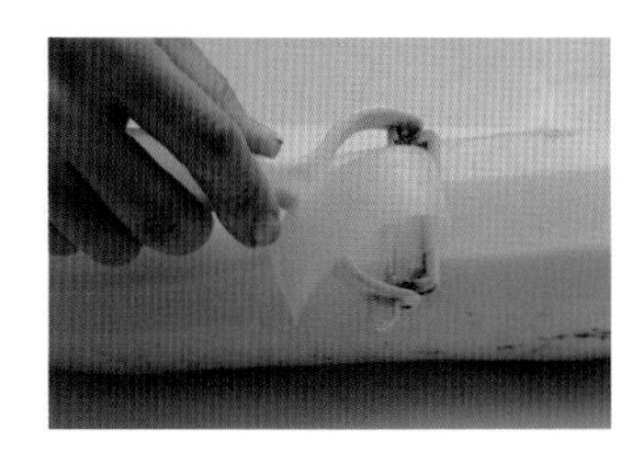

味噌 Recipe 02

味噌醃起司

クリームチーズの味噌漬け

起司和味噌都是發酵食品，互相搭配度很高，是很棒的下酒菜，不只是日本清酒、燒酒，連葡萄酒也很適配。

材料

奶油乳酪　1塊（250公克）

白味噌　3大匙

本味醂　4小匙

＊如果白味噌不夠甜，可再加1小匙麥芽糖（無色透明的麥芽水飴）

作法

1　味噌、味醂放小容器，一起攪拌均勻。

2　先在保鮮膜上淋一半味噌味醂醬，放奶油乳酪，再淋剩下的味噌味醂醬。

3　用保鮮膜把奶油乳酪包起來。

4　放在密封夾鏈袋裡，醃3天以上。

味噌 Recipe 03

日式回鍋肉

ホイコーロー

回鍋肉屬於中式的作法，但這道菜融入味噌作為調味，同時擁有中日兩邊的風格，算是一道重口味的料理，非常下飯。

材料

豬五花肉薄片　150公克
高麗菜　1/8顆（約150公克）
洋蔥　1/8個
青椒　1/2顆（約50公克）
大蒜　1顆
老薑　1片
沙拉油　2大匙

【回鍋肉調味料】

味噌　1½大匙
砂糖　1大匙
醬油　1小匙
米酒　1大匙
豆瓣醬　1/2小匙
太白粉　1/2小匙

作法

1. 豬五花肉片一開2-3小片。將高麗菜切4-5公分寬片狀，青椒切片，洋蔥切1公分細絲，老薑和大蒜切片。
2. 另取一個小碗，把回鍋肉調味料全放入，攪拌均勻。
3. 平底鍋加2大匙沙拉油，開中火，將老薑與大蒜爆香，加豬肉炒到變色，放高麗菜梗與洋蔥、青椒稍微炒軟，再加入剩餘高麗菜拌炒。
4. 炒到高麗菜熟軟，倒入調味料醬，拌炒至入味即關火，裝盤。

Column

在外也想喝熱的，就做即溶味噌湯！

材料

自己喜歡的味噌　適量

海帶芽乾　適量

高湯粉　適量

作法

1　撕一張保鮮膜，先放上1大匙味噌，再把2/3小匙的高湯粉放上去。

2　放上一點海帶芽乾。

3　把保鮮膜扭轉起來，綁上小橡皮筋即可。

4　一次可多做幾個，放冷藏可保存一個禮拜。擺在便當旁邊，中午時用馬克杯裝熱水泡開就是一杯熱騰騰的味噌湯。

作法1

作法2

作法3

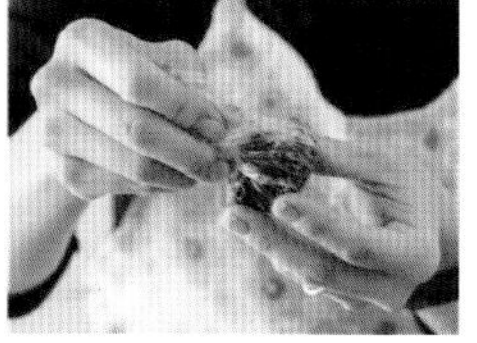

作法4

Column

先萃取和風高湯，味噌湯加倍好喝！

高湯材料

水　1000cc

昆布　20公克

（剪成10×10cm大小）

柴魚片（木魚花）　10公克

＊可一次多做點，冷凍備用。

味噌湯（2人份）

高湯　320cc

菠菜　1把

豆腐　1/4塊

味噌　2大匙

作法

高湯

1 取一鍋放入水與昆布，開火煮至沸騰前，昆布邊緣會冒出小小的氣泡，此時便把昆布取出。

2 昆布湯完全沸揚，放入柴魚片悶煮1分鐘後關火。

3 待柴魚片沉澱在鍋底，便可過篩留湯備用。

味噌湯

1 菠菜洗淨，切成5公分長度，另將豆腐切成1.5立方公分塊狀。

2 將高湯與蔬菜放入鍋子，煮至滾沸。

3 滾沸後加入豆腐，煮到蔬菜全熟軟，關火。

4 放下味噌慢慢攪散至化開。再開小火，煮至出現小小的氣泡不要沸騰，即可盛湯裝碗。

美味碎碎念

味噌湯要避免煮到滾沸，以免高溫使味噌的香氣不見。味噌湯不是只能放豆腐跟海帶，配料也可以很隨興，除菠菜外，當季的蔬菜新鮮又好吃，紅白蘿蔔、洋蔥、馬鈴薯、番薯、金針菇、鴻喜菇、白菜等都可以。家常味噌湯可以多做嚐試，喜歡什麼就放一點進去，加鮭魚、蛤蠣、豬肉都很美味喔。

味噌 Recipe 04

味噌烤飯糰

味噌焼きおにぎり

烤飯糰熱呼呼的時候很好吃，就算放到常溫也依然好吃，更是深夜肚子餓的宵夜好朋友。塗抹味噌醬較容易烤焦，所以要用小火，短短時間快速烤一下即可。

材料（2人份／共4顆飯糰）

白飯　2碗

雜穀飯　2碗

味噌　2大匙

本味醂　1.5大匙

紫蘇葉　4片

【配菜】

醃蘿蔔　少許

作法

1　將白飯與雜穀飯煮熟備用。瓷碗覆蓋1-2層保鮮膜，將飯（約1碗量）放置保鮮膜中央，捏出三角飯糰。

2　小碗倒入味噌和味醂，攪拌均勻。

3　平底鍋放置避免沾黏的烘焙紙，小火烤飯糰到兩面有點焦色、脆脆的。

4　將味噌醬塗抹飯糰的兩面，再小火烤一下（擦味噌醬較容易烤焦，用小火短時間烤一下就好），烤到味噌醬有點乾，起鍋包紫蘇葉即完成。

作法1

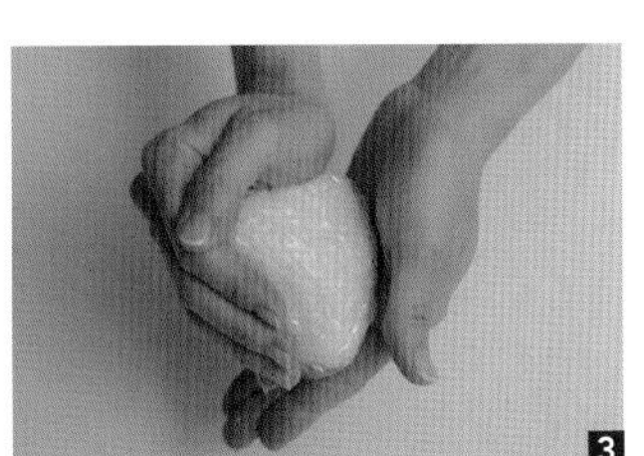

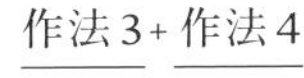

味噌 Recipe 05

西京漬

西京漬け

Key Points
醃漬
燒烤

這次的西京漬用豬肉當主食材，但除了豬肉之外，鮭魚、其他白肉魚、干貝、雞肉、牛肉等，用這個味噌醬醃都很好吃！原本西京漬使用以「白」為特點的西京味噌，味道偏甜鹽分很低，但在家做西京漬時，可以補上砂糖和味醂增加甜味。

材料（2人份）

梅花豬肉（厚1-1.5公分） 2片
鹽巴 1/2小匙

【味噌醬】

味噌 80公克
本味醂 2大匙
米酒 1/2大匙
砂糖 2大匙

【配菜】

綜合生菜（Baby leaves）、
番茄、檸檬片 適量

作法

1 味噌醬的調味料全部放入夾鏈袋裡，用手搖一搖、摸一摸，使它混合均勻。
2 豬肉排的表面灑上鹽巴，靜置15-20分鐘。
3 以廚房紙巾擦掉豬肉滲出來的水分，將豬肉排放入夾鏈袋裡醃，記得幫豬肉的上下兩面擦上醬料等待入味，最少醃一晚到一天，並在4-5天內烹調吃光光。
4 烤肉的時候，如果豬肉表面留有味噌容易燒焦，要先洗淨或用廚房紙巾擦掉。
5 準備平底鍋鋪上烘焙紙，放上豬肉開中火烤到熟，注意不要燒焦。起鍋後肉排可整片盛盤或切成一口吃大小，在盤中放上肉排和配菜，完成。

味噌 Recipe 06

茄子田樂（味噌醬烤茄子）

茄子田楽

Key Points
醬料
燒烤

圓圓胖胖的米茄，果肉的部分很厚實，拿來燒烤可以增加米茄的甜味，適合搭配偏甜的田樂味噌醬，下飯、當下酒菜都很搭配！

材料（2人份）

米茄　1顆
（可用短茄子2條替代）
沙拉油　2大匙

【田樂味噌醬】

味噌　2大匙
砂糖　1½大匙
和風高湯　1大匙
米酒　1大匙
本味醂　2小匙

【裝飾】

白芝麻　少許

作法

1. 先準備田樂味噌醬，準備一個小鍋，將味噌醬的調味料全放進去攪拌好後，開中火。煮到冒出小小的氣泡轉小火，以木頭勺攪拌到泥醬狀態。備用。
2. 米茄洗淨切一開二，不要切掉頭。從距離皮5mm以刀子沿內緣畫圈（下切8成不要斷），切好後再劃格子，一樣不要切斷。
3. 取平底鍋，倒入沙拉油開中火，擺茄子（切面朝下）並蓋蓋子，中火蒸煎3分鐘，再改小火蒸煎3分鐘。
4. 切面塗上味噌醬，放進以220℃預熱的烤箱，烤4-5分鐘，烤好後撒上白芝麻，盛盤即完成。

作法2

1

2

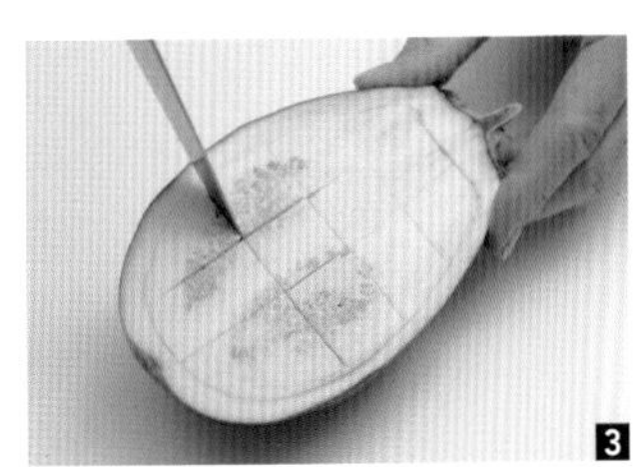
3

鹽麴 Recipe 07

高湯燉蘿蔔＋絞肉味噌醬

ふろふき大根

Key Points
醬料
燉煮

不同的味噌醬配方，代表著各家庭專屬的媽媽味道，有的加高湯、有的用白味噌，有的偏鹹、有的偏甜。而我家的味噌醬，有時候會用豬絞肉製作，有時候想要比較清淡點，就不會加肉只是素食的味噌，味道也很香。

醬料（2人份）

蘿蔔　300公克
白米　1/2大匙
昆布高湯　600cc

【味噌醬】

雞絞肉　40公克
老薑汁　1/2小匙
味噌　1大匙
砂糖　2/3大匙
醬油　2小匙
本味醂　2大匙
米酒　1大匙

【配菜】

燙菠菜、乾辣椒絲　適量

作法

1 菠菜洗淨，水滾後放入燙熟，再將多餘水分擠掉，重疊切成一段5-6公分長。
2 蘿蔔洗淨，4-5公分切一段，將表皮削掉（可削厚點），並在蘿蔔中央切入深0.5公分的「十」字幫助入味。
3 準備鍋子，放蘿蔔、白米、水（分量外，水可蓋過蘿蔔），開中火煮至沸騰後改小火，繼續煮到蘿蔔軟。關火放置到涼，備用。
4 煮好的蘿蔔稍微清洗，另備乾淨的鍋子放蘿蔔、昆布高湯，再煮10分鐘。
5 準備小鍋，把絞肉和老薑汁之外的調味料全放進去，開小火攪拌到光滑，最後倒入絞肉和老薑汁拌勻至熟，關火。
6 盤子盛裝蘿蔔（只有蘿蔔不裝高湯），淋味噌肉醬，亦可擺上乾辣椒絲裝飾，再放點燙菠菜搭配。

作法2

1

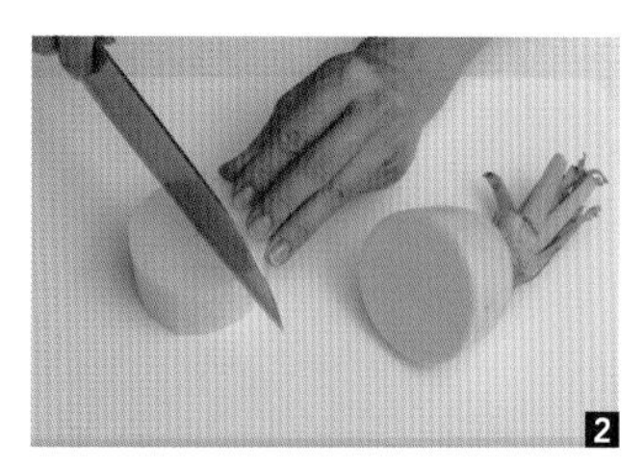
2

味噌 Recipe 08

紅酒味噌燉牛肉

牛すね肉の赤ワイン味噌煮込み

Key Points
紅酒
味噌
燉煮

紅酒燉牛肉很常見，但我們這道紅酒燉牛肉多加了味噌調味，融合之後風味跟香氣更圓潤。這裡還放了西式料理常用的月桂葉，有去腥跟解膩的作用。

材料（2人份）

牛腱肉　750公克
月桂葉　2片
蘑菇　12顆
番茄醬　3大匙
番茄罐頭　200公克
赤味噌　3大匙
醬油　1大匙
砂糖　1½大匙
鹽　少許
黑胡椒　少許
沙拉油　2大匙
低筋麵粉　少量
奶油　2大匙

【醃肉汁】

紅酒　450cc
紅蘿蔔　1條
西芹　1條
洋蔥　1顆
大蒜　2顆

【裝飾】

青花椰菜（燙過）　1/3顆
鮮奶油　少量

作法

1 先將醃肉的蔬菜全都切薄片，肉切成2公分厚度。大鍋子裡放入肉、蔬菜、紅酒、調味香辛料、月桂葉，抓勻進冰箱冷藏。
2 從步驟❶中取出肉和蔬菜（紅酒先不要丟，等一下再用）。
3 肉的水分擦乾，放一點鹽巴胡椒，表面拍上低筋麵粉，熱平底鍋加1大匙沙拉油，烤至肉兩面有烤色即可（不需全熟）。
4 同一個平底鍋再加1大匙沙拉油，拌炒剛拿起的蔬菜。
5 取容量較深的鍋子，放下烤過的肉與炒過的蔬菜，倒入醃肉的紅酒，加番茄醬、番茄罐頭，轉大火加熱煮開，用細篩網撈起水面浮沫，加蓋以小火再煮2小時，燉煮至肉軟（如水分不夠，加分量外的水淹過肉），把肉拿起備用。
6 鍋子裡的湯放入攪拌機拌到光滑，再放回鍋子，把肉與蘑菇放回，開小火，加味噌、醬油、糖煮到喜歡的濃度（多注意不要燒焦）。
7 另外汆燙花椰菜，放上奶油，加熱到奶油融化。盛盤，食用前淋上鮮奶油。

鹽麴 Recipe 09

味噌麻婆豆腐

味噌マーボー豆腐

使用日本味噌調味，是讓小朋友也能享受的口味。大人可再依自己的喜好，加上辣油和花椒粉一起享用。

材料（2人份）

豬絞肉（細） 150公克
豆腐　1盒（300公克）
薑末　10公克
蒜末　10公克
蔥　3-4大匙
味噌　1.5-2大匙
醬油　1/2大匙
砂糖　2小匙
水　200cc
油　1大匙
太白粉水　適量（太白粉1大匙＋水2大匙）
香油　1小匙

【裝飾】

蔥花　少許

作法

1　薑、蒜頭、蔥切成末。
2　豆腐切成約3公分的塊狀，放入沸水中燙煮一下，瀝乾水分。
3　在平底鍋中加入油，放入薑末、蒜末爆香後，加入豬絞肉與蔥末，翻炒至肉熟。加入味噌稍微炒一下後，加入水、醬油、糖，接著放入豆腐，中火煮滾後煮約3分鐘。
4　最後用太白粉水勾芡，加入香油稍微拌一下就完成了。
5　盛盤後可撒上蔥花。

作法2

作法3

一番搾り
ごま油

酒粕
さけかす

sauce
04

如同稻米有收穫的季節，每到年底至春天，就是日本清酒「新酒」的製造季節。製酒後剩餘的新鮮新酒酒粕，就會運送到市場等許多地方販售，因為新鮮，所以香氣特別好，一打開包裝，到處充滿豐醇的香味。

● 什麼是酒粕

酒粕是什麼？跟酒有何關聯？其實，酒粕原本是製酒過程經壓榨、過濾所留下的殘渣，常見有板狀、片狀還有碎狀的形式。

在日本，酒粕很常被運用在料理，適合調味、醃漬、燒烤、煮湯、火鍋、甜點、甘酒（和米麴甘酒不同，酒粕甘酒含一點酒精）等，用途廣泛，聰明的商人還研發出保養品，充分發揮酒粕的各式用途。

● 酒粕怎麼來

釀造清酒的過程中，當原料經壓榨、過濾，得到乳白色的殘渣即為酒粕（さけかす，讀音Sakekasu），因為帶有醇郁濃厚的酒香，富含維生素、胺基酸等營養素，營養又滋補，所以深受人們喜愛。在日本，購買酒粕非常方便，只要到市場、商店、超市就能輕鬆找到。

● 記憶中溫暖的酒粕甘酒

記憶中印象最深刻的是，日本少見像台灣有固定的夜市區域，但一年之中，寺廟或神社會舉辦幾次類似「夏日祭」、「煙火祭」的同樂活動，那時就會出現許多攤販，變成像台灣的夜市一樣熱鬧。

小時候過年時，全家人會一起去寺廟或神社拜拜，一定可以在周圍園遊會中看得到甘酒的攤位，參拜完後就請爸媽買甘酒給我喝，日本的冬天濕冷，用冰冷的手拿著熱甘酒的杯子，一口一口喝下暖呼呼的甘酒，是非常懷念的童年回憶。

酒粕 Recipe 01

甘酒

甘酒

添加酒粕製成的甘酒，帶有清酒的醇厚香氣，因為含有些微的酒精成分，冬天熱熱喝可以暖身，但不適合幼兒及孕婦飲用。

材料（3-4人份）

酒粕　100公克

水　500cc

＊比例是「酒粕：水＝1：5」

砂糖　3大匙

鹽巴　少許

作法

1　酒粕剝碎放入鍋子，加適量水浸泡一晚（酒粕吸水後會自然變軟、融化）。

2　開火邊煮邊攪拌，不要加熱至沸騰，以免高溫讓香味喪失。

3　煮到酒粕完全化開，加一些砂糖與鹽巴。

4　看個人的喜好，也可以加入一些老薑汁、薑泥。

作法1

香香甜甜的酒粕甘酒延伸應用！

★牛奶甘酒 → 比例「熱鮮奶：甘酒＝1：1」

★草莓甘酒 → 比例「鮮奶：甘酒：草莓＝1：1：1」，全部放攪拌機或果汁機攪拌均勻。

酒粕 Recipe 02

酒粕湯
粕汁

酒粕的香氣醇厚，非常適合做料理，煮湯也很好喝，這道酒粕湯不只可以放五花肉片，以鮭魚替代烹煮滋味也很棒，酒粕可以讓魚的鮮美更被提升。

材料（2人份）

五花肉　50公克
（也可用鮭魚取代）
白蘿蔔　80公克
紅蘿蔔　50公克
青蔥　2根
酒粕　50公克
和風高湯　400cc
（請參考P.111作法）
味噌　1大匙
淡味醬油（或一般醬油）　1/2大匙
鹽巴　1/8小匙
米酒　1小匙

作法

1　蔬菜洗淨切薄片，豬肉切成容易入口的小片。
2　酒粕放小碗，微波30秒使之變軟。
3　湯鍋倒入和風高湯，放入蔬菜煮沸，再放肉片煮到蔬菜熟軟，加醬油、鹽巴、米酒。
4　取一點高湯，倒入酒粕的小碗裡攪散融化。
5　將融化的酒粕、味噌加入湯裡，稍微攪拌均勻。請注意，加入味噌、酒粕後不可煮沸，以免香味不見。

酒粕 Recipe 03

Key Points
白醬
燉煮
焗烤

豆漿白醬燉菜

酒粕の豆乳ホワイトソースグラタン

酒粕豆漿白醬燉菜散發著濃郁的奶香，因為裡頭放了通心粉和起司，
所以吃起來很有飽足感，很適合在有親友造訪家裡的時候端上桌。

材料（4人份）

雞肉　220公克
（以胡椒鹽少許、酒1小匙醃雞肉）
洋蔥　1/2個
鴻喜菇　100公克
油　1.5大匙
奶油　1大匙
麵粉　2大匙
豆漿　500cc
酒粕　60公克
（淋上水2小匙，微波30秒）
味噌　1大匙
鹽　1/2小匙
pizza用起司　120公克
起司粉　2大匙
乾通心粉　200公克

作法

1 用胡椒鹽少許、酒1小匙醃雞肉10分鐘，再以廚房紙把水分擦掉。按照包裝標示煮通心粉，撈起備用。
2 將1/2大匙油倒入平底鍋，再將雞肉放進去，炒到有點微焦。同一平底鍋加1/2大匙油與1大匙奶油融化，放洋蔥和鴻喜菇一起拌炒。
3 轉小火，依序加入麵粉拌炒，再倒入豆漿、酒粕和味噌、鹽，攪拌融化後煮到有點濃稠。
4 一半的醬和全部通心粉放入耐熱盤裡稍微攪拌。再將剩下的醬都放入耐熱盤、灑上起司、起司粉，烤箱設定230°C烤約20分鐘即完成。

酒粕 Recipe 04

酒粕豬排

豚肉の粕漬け

Key Points
醃漬
燒烤

用酒粕醃過的豬排散發與眾不同的香氣，搭配紫蘇葉和檸檬片擠汁食用，清爽又不膩，也是很適合帶便當的料理喔。

材料（2人份）

松阪豬或梅花豬肉排　250-300公克（切成厚1-1.5公分2片）

鹽巴　1/2小匙

酒粕　100公克

糖　1大匙

本味醂　40cc

米酒　40cc

味噌　10公克

鹽巴　1/2小匙

＊除了豬肉之外，醃雞腿、鮭魚、鯛魚也都很好吃。

【配菜】

紫蘇葉、檸檬片　適量

作法

1　將1/2小匙鹽巴撒在肉上，靜置15-20分鐘，再用廚房紙巾把表面的水擦掉。

2　夾鏈袋中放入酒粕和其他調味料，用手從夾鏈袋外面稍微揉摸、捏散，人手的溫度可以讓酒粕較易融化。

3　袋中放入豬肉排，讓酒粕泥掩蓋豬肉表面，擠掉空氣放冰箱，醃到第二天就可以料理了。如醃漬後沒有馬上料理，可冷凍再自然解凍後烤。

4　準備平底鍋，鋪上烘焙紙，將酒粕泥用手擦掉後放平底鍋烤。如不喜歡留有酒粕泥，可用水沖再以廚房紙擦乾後烤。

5　將肉排煎至兩面微焦熟透，盛盤。以紫蘇葉與檸檬片裝飾。

搖一搖、捏一捏，按摩過的豬排更入味！

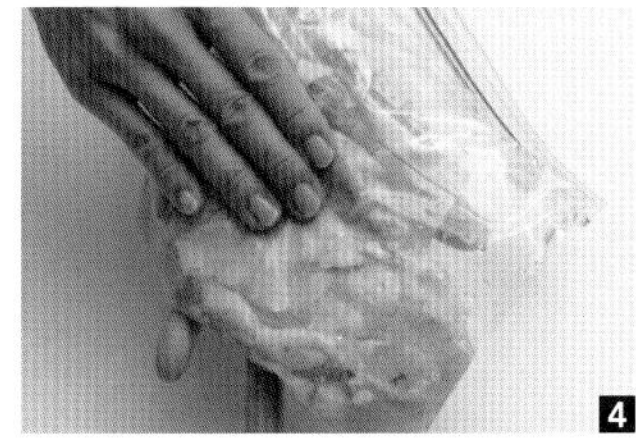

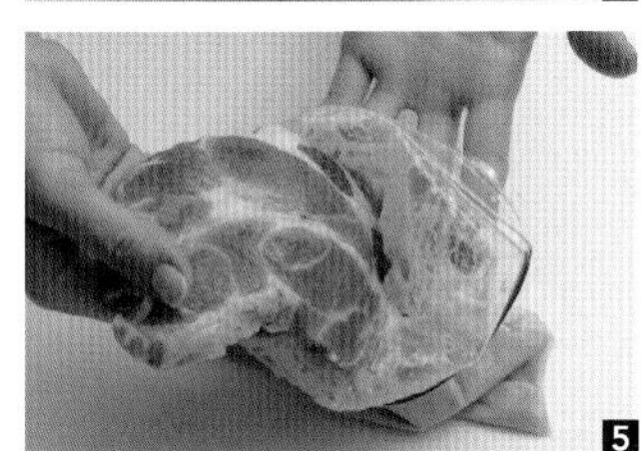

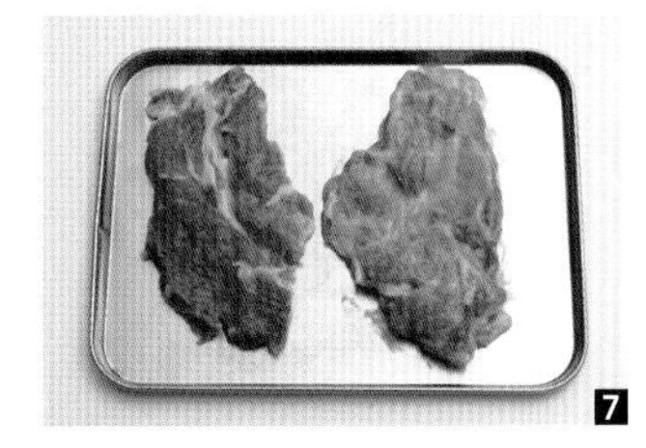

Step 1　首先來調酒粕泥，除了材料外，請另準備一個夾鏈袋。

Step 2　先放入酒粕、味噌。

Step 3　再加入本味醂、米酒、砂糖。

Step 4　用手搓至均勻，掌心的溫度可以幫助融合。

Step 5　在袋中放入2片梅花豬肉排。

Step 6　醬料均勻塗抹在豬排上，進冰箱冷藏。

Step 7　完成。

酒粕 Recipe 05

烤酒粕

焼き酒粕

Key Points
燒烤

一般人多習慣將酒粕加入料理中，但其實將酒粕片灑上砂糖烤至溶解微焦，也是很好的配菜或下酒菜，濃醇的香氣令人驚艷！如果剛好拿到一級好酒的酒粕，請用烤的嘗試酒粕原本的香味！

材料

板狀酒粕　適量
三溫糖或砂糖　適量
紫蘇葉　1-2片（裝飾用）

作法

1. 將板狀酒粕切成長寬5公分大小片狀，烤盤鋪鋁箔紙，排好酒粕片，並把砂糖撒在酒粕片上。
2. 放入小烤箱裡，如使用1000瓦（W）的小烤箱需烤2-3分鐘，待砂糖溶解酒粕片稍微膨漲，烤到上面有一點點焦即可（注意不要完全燒焦掉）。
3. 紫蘇葉鋪底裝飾，放上烤好的酒粕片。

酒粕 Recipe 06

醃洋酒水果乾
佐酒粕起司

酒粕とドライフルーツのクリームチーズ

Key Points
醃漬
冷盤

材料

酒粕　25公克
奶油奶酪　25公克
砂糖　1/4大匙
芒果乾　1大匙
洋酒醃水果乾　1大匙
原味蘇打餅乾　適量

作法

1 酒粕放耐熱容器，微波加熱20秒軟化。
2 加入奶油奶酪攪拌，再加切碎的洋酒醃水果乾跟芒果乾，如甜度不夠可加糖調整。
3 把調製好的抹醬塗上蘇打餅乾即完成。

酒粕 Recipe 07

酒粕松露巧克力
酒粕のトリュフチョコレート

Key Points
隔水加熱

材料

巧克力片　220公克
動物性鮮奶油　50cc
酒粕　75公克
無糖可可粉或糖粉　適量

作法

1　將酒粕放入微波爐，微波30秒使酒粕柔軟。另將巧克力片切細，放進料理盆以50-55℃隔水加熱至融化。
2　鮮奶油加熱至接近沸騰，並將熱鮮奶油一口氣倒進裝巧克力醬的料理盆中，用攪拌器攪拌至乳狀，再加酒粕持續攪拌。
3　使用球形或立體形的巧克力模，模具倒進巧克力漿後，冰箱冷藏2小時取出。
4　盤子放上巧克力，一手旋轉盤子一手撒上可可粉或糖粉至均勻即可。

酒粕 Recipe 08

酒粕布丁

酒粕プリン

材料（2份）

牛奶　150cc
酒粕　25公克
砂糖　2大匙
吉利丁粉　3公克
熱水　1大匙
布丁模型　2個

【裝飾】

薄荷葉　適量

作法

1　吉利丁粉加熱水使之吸水軟化。另將酒粕放耐熱容器微波20秒。

2　鍋中倒入牛奶、砂糖、酒粕，開小火煮至酒粕融化。

1　牛奶加熱到50-60℃，放入吉利丁，請注意溫度，不要煮到滾沸。

4　煮好的液體先過篩一次，倒入布丁模型，稍微放涼再進冰箱冷卻凝固。

酒粕 Recipe 09

義式鹹餅乾棒

グリッシーニ

沒想到吧？酒粕跟麵粉等材料混合，也可以做出鹹鹹脆脆、充滿芝麻香的餅乾棒喔，做好一些收在密封罐裡，是很棒的零嘴點心。

材料

酒粕　50公克
低筋麵粉　100公克
水　30cc
橄欖油　2大匙
鹽巴　1/4小匙
黑芝麻　1大匙
起司粉　2大匙

作法

1 低筋麵粉混合鹽巴，一起過篩2次。
2 酒粕微波20秒讓它柔軟。在不鏽鋼盆裡放入麵粉、鹽巴、酒粕，用手揉拌到出現小顆粒。
3 倒入橄欖油，用手持打蛋器攪拌到麵團顆粒大小均勻（似絞肉狀），放黑芝麻再攪拌。
4 加水，用手捏成一大塊，包覆保鮮膜，放冰箱冷藏休息20分鐘。
5 取麵團用擀麵棍壓成厚5mm大片，刀子切1-1.5公分寬後扭轉（長度以可以放入烤盤為準），灑上起司粉。
6 烤盤放上不黏烘焙紙，上面排放餅乾麵團條。烤箱先預熱180°C，烘烤15分鐘至酥脆即完成。

作法2

作法3

作法4

酒粕 Recipe 10

酒粕起司蛋糕

酒粕のチーズケーキ

如果家裡有客人來訪，或是預備要替家人慶生，該端出什麼點心讓他們開心呢？不如做個酒粕起司蛋糕，適量的酒粕讓起司蛋糕的香氣跟風味都更有層次了！

材料

消化餅乾　70公克
奶油　50公克
奶油起司　100公克
酒粕　50公克
鮮奶油　100公克
砂糖　50公克
檸檬汁　1大匙
吉利丁粉　8公克
熱水　30cc

作法

1　酒粕放微波爐微波20秒，讓酒粕柔軟。
2　消化餅乾壓碎後與融化的奶油拌勻。將拌好的餅乾碎倒進蛋糕模鋪底，用湯匙壓緊實。
3　將奶油起司、酒粕、鮮奶油、砂糖、檸檬汁拌勻。
4　吉利丁粉用熱水攪拌均勻，倒入步驟3的起司糊中拌勻，並將它過篩一次，口感會更滑順。
5　將步驟4倒進蛋糕模中，進冰箱冷藏庫3個小時待成型。
6　最後將蛋糕取出脫模，切塊裝盤就完成了！

味醂

みりん

sauce

05

帶有獨特香氣的味醂，之所以香甜，因為是以糯米與麴釀造而成，發酵時，麴裡的澱粉酶會將糯米的澱粉分解成糖分產生甜味。味醂既是料理的好幫手，也可以拿來替代砂糖製作麵包、甜點，日本過年的時候，還會在味醂中添加多種香料浸泡製成「屠蘇酒」，由年幼者輪至年長者一起飲用，祈求一家人健康平安。

● 本味醂vs.味醂風，差異在哪裡？

因為台灣並非味醂的發源地、使用機會少，所以大家對味醂普遍不是那麼熟悉，一般超市、賣場以販售味醂風調味料居多，只有偶爾才能在進口百貨超市找到本味醂。

但是對日本人而言，味醂是從小到大深入生活的調味料，而且在日本超市的貨架上，本味醂與味醂風調味料時常並列在一起，品牌、種類等選擇也比台灣多出許多，這兩者雖然只有一字之差，對料理風味、效果的影響卻很大，建議如果是追求純正風味的人，應優先選擇本味醂。

● 怎麼選購最內行

在台灣，市面上較常見「味醂風調味料」，如果想買「本味醂」需要特別尋找，選購時除了認明標示，酒精濃度、價錢高低也是判斷的依據——通常味醂風調味料因製作耗時短價格也較便宜，雖然能替食物帶來甜度和亮澤，但因酒精含量小於1%，無法發揮去腥的效果；至於本味醂因為釀造時間長價錢偏高，加上含約14%的酒精故能去腥除臭，為料理帶來更有層次的深邃風味！

	本味醂（本みりん）	味醂風調味料（みりん風調味料）
原料	糯米、米麴、酒精（燒酌）等	糖漿（或麥芽糖）、發酵調味料、酸味料或米醋等
色澤	淡黃色	淡黃色
香氣	偏甜，略帶酒香	偏甜，淡淡酸香
風味效果	❶賦予溫和的香甜、深奧的清醇 ❷光澤效果 ❸去除腥味，幫助入味 ❹緊縮食材質地、固型，熟而不潰散	❶賦予甜味 ❷光澤效果
酒精濃度	約14%	<1%
保存	開封前後皆置於室內陰涼處保存（內含酒精具預防腐敗效果）	開封前置於室溫陰涼處保存，開封後請收進冰箱冷藏
價格	價高，可能是味醂風調味料的2-5倍之多	價低
備註	製造時間長，米麴經長期發酵、糖化、熟成後自然轉變產生甜味與酒精	製造時間短，經由混合、調合而成

味醂 Recipe 01

山藥酪梨沙拉
佐梅子味醂醬

山芋とアボガドとのサラダ,
梅みりんドレッシング

Key Points
醬料
沙拉

材料

山藥　5公分（約80克）
酪梨　1/2顆
醃梅子　2粒
檸檬汁　1/2大匙
本味醂　1½大匙
橄欖油　1大匙

作法

1 去除梅子的種籽，在砧板上以刀子將梅肉剁碎成泥，暫放小碗。
2 梅泥小碗裡倒入味醂攪拌，再加橄欖油攪拌，沙拉醬即完成，備用。
3 將酪梨縱剖取籽再去皮，切1公分厚度片狀，將山藥切一開二，切成1公分厚度片狀。
4 酪梨片和山藥片擺放在盤子上，先淋點檸檬汁，食用前再淋上梅子味醂沙拉醬即可。

作法1

1

2

味醂 Recipe 02

秋刀魚梅煮

秋刀魚の梅煮

Key Points
壓力鍋
燉煮

用壓力鍋燉煮料理很好，可以幫助入味，連骨頭都煮到柔軟可食，營養滿分。混合了本味醂和米酒，醃梅子和老薑也是這道料理中的重要角色，負責把秋刀魚的腥味除掉，而且偏甜的醬汁融合了醃梅子的酸，讓人下飯吃不停！

材料

秋刀魚　3條
醃梅子　3粒
老薑　1支
水　100cc
米酒　100cc
醬油　4大匙
本味醂　2大匙
砂糖　2大匙

【裝飾】

老薑絲、紫蘇葉　少許

作法

1　秋刀魚洗淨去內臟，各切成5-6公分長段狀。梅子去籽、老薑切薄片。
2　秋刀魚、梅子、老薑片、所有調味料都放入壓力鍋，蓋上蓋子加壓，煮約22分鐘後關火，放置到壓力消失。用壓力鍋不僅幫助入味，連骨頭都變柔軟可吃。
3　盛盤，搭配一點紫蘇葉和老薑絲即可。

＊　如果家裡沒有壓力鍋，用一般深湯鍋煮也可以。材料全放進去，沸湯後蓋上蓋子，小火煮15-20分鐘。只是用一般深湯鍋無法將骨頭煮軟，但秋刀魚的肉質還是能柔軟好吃。

日式筒切法，不破壞魚身也能把內臟清理乾淨！

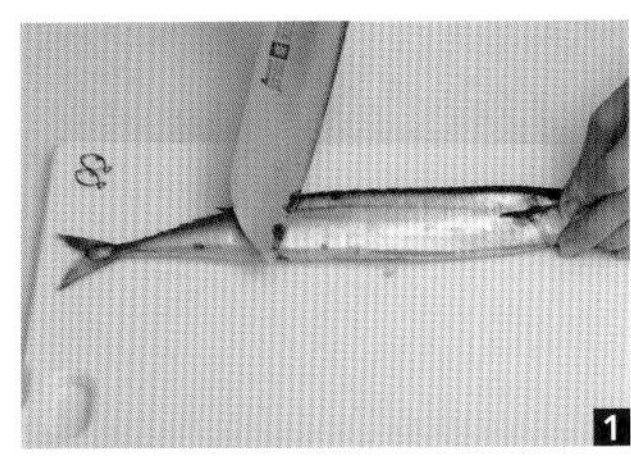

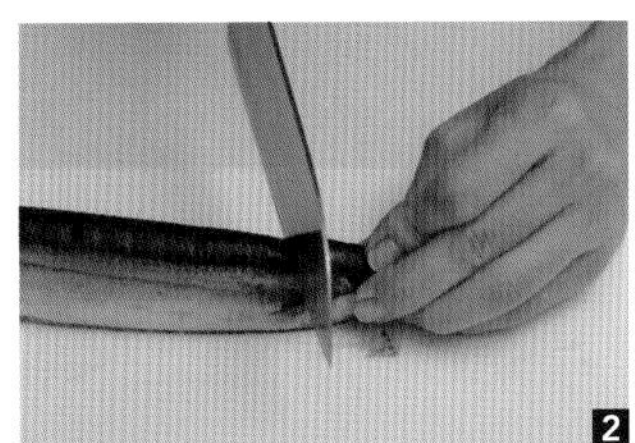

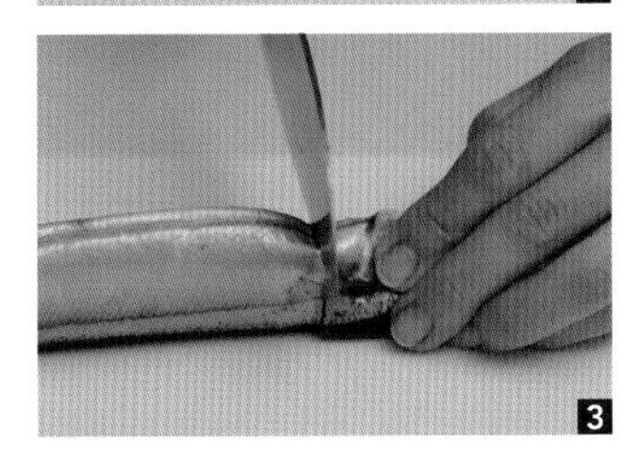

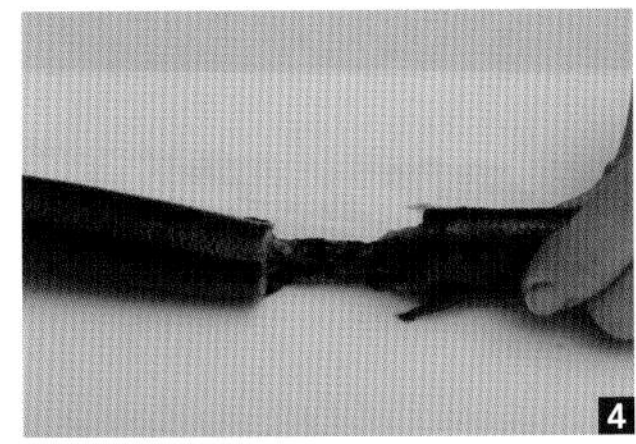

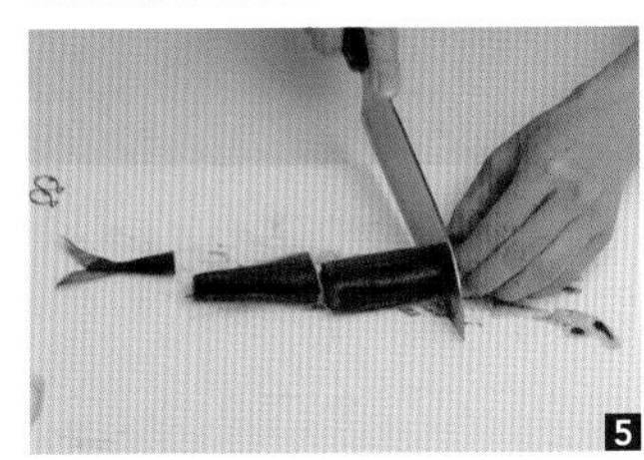

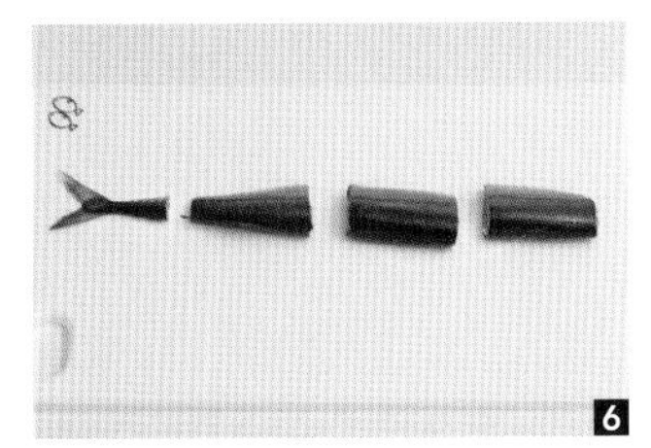

Step 1　用刀刮除魚背、魚身的鱗片。
Step 2　從秋刀魚的頭部下刀。
Step 3　環切一圈，注意中間不切斷。
Step 4　緩緩的左右搖晃鬆動，將內臟抽出。
Step 5　確認中央內臟清理乾淨，將秋刀魚5-6公分長切段。
Step 6　完成！

味醂 Recipe 03

筑前煮

筑前煮

Key Points
光澤
烹煮

筑前煮是日本具代表性的經典家常菜，建議一次可以多做一點，放冰箱能冷藏保存3-4天慢慢享用。

材料

雞腿肉　220公克
紅蘿蔔　約80-100公克
香菇乾　5朵
蓮藕　150公克
蒟蒻　1/2片
牛蒡　約100公克
燙竹筍　100公克
燙秋葵　6-7根
和風高湯＋香菇湯　300cc
醬油　2½大匙
米酒　2大匙
本味醂　3大匙
沙拉油　1大匙
醋＋水　適量

作法

1 乾香菇泡水放隔夜，將泡發的香菇取出，香菇水（湯）留50cc。
2 蒟蒻汆燙後，以小湯匙撕小塊。
3 牛蒡和蓮藕洗淨去皮，切小塊後泡醋水（約1公升容量的器皿滿水加米醋1/2大匙）。
4 雞腿排、乾香菇、紅蘿蔔切小塊。
5 熱鍋加沙拉油，先炒雞肉再放入蓮藕、竹筍、牛蒡和蒟蒻。
6 加蔬菜和乾香菇再炒，倒入香菇湯＋和風高湯，還有其他調味料攪拌後立刻蓋上蓋子，轉中小火，煮10分鐘。
7 10分鐘後掀開蓋子，搖晃鍋子讓材料均勻有光澤、醬汁收乾。
8 盛盤，以燙過的秋葵裝飾即可。

作法2

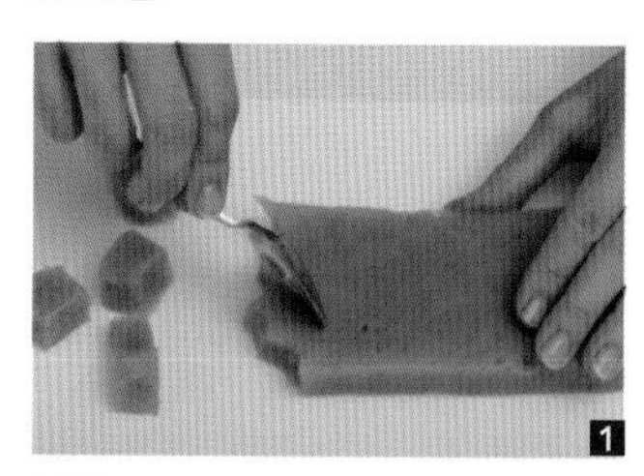
1

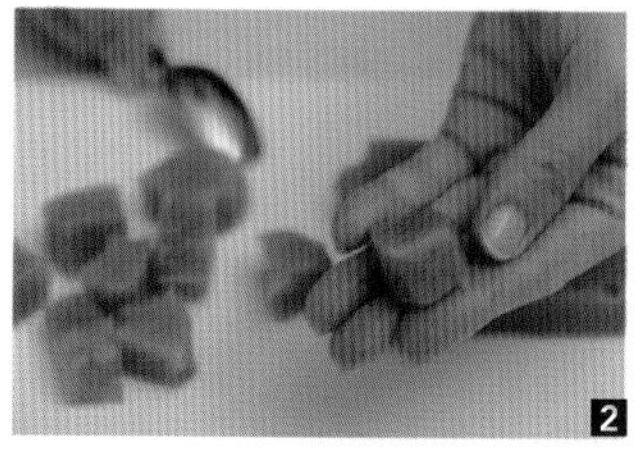
2

用湯匙撕蒟蒻，不規則邊緣幫助入味。

作法8

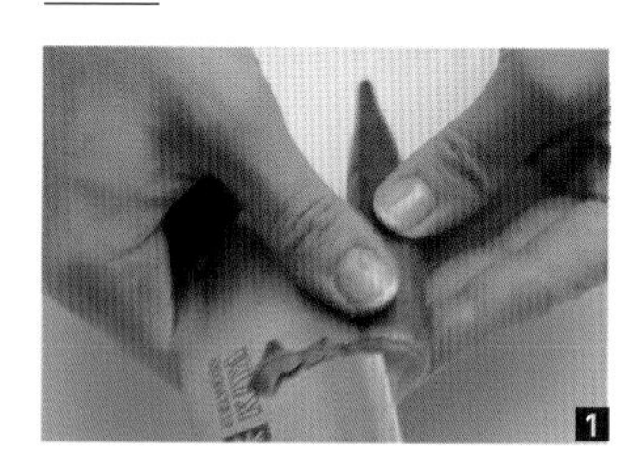
1

2

切掉秋葵周圍硬硬的邊緣，口感會更好。

味醂 Recipe 04

雞肉照燒蒸飯

鶏の照り焼き蒸しご飯

照燒的滋味鹹鹹甜甜，小朋友特別喜歡！烤肉時雞肉會出油記得擦掉，照燒的效果更好！

材料（2人份）

雞腿肉　約250公克
雞蛋　1顆
和風高湯粉　1/2小匙
水　1大匙
鹽　少許
白飯　2碗
燙豌豆莢　25公克

【照燒調味醬】

醬油　1.5大匙
本味醂　1.5大匙
米酒　1.5大匙
砂糖　1/2大匙

美味碎碎唸！

★照燒口味偏鹹甜，怕太甜的人可以減少用糖量。

★這道照燒醬除了用來照燒雞肉外，也可以應用到雞絞肉丸子、豬肉、鮭魚、竹筍、菇類等蔬菜上。

作法

1　豌豆莢洗淨燙熟，切絲備用。另將照燒調味料全放入小碗裡，攪拌均勻。

2　雞蛋與和風高湯粉、水混合調散，熱平底鍋用廚房紙巾擦沙拉油（分量外），轉小火，倒入一半的蛋液煎烤1分鐘關火，蓋上蓋子等2分鐘再做一次。待涼掉後切半再捲起來切絲，備用。

3　開中火熱平底鍋，不需擦油，直接將雞皮面朝下放雞肉。雞皮煎烤3-4分鐘，翻過來再煎烤2-3分鐘。中間如有滲油出來，以廚房紙巾擦掉。

4　倒入照燒調味醬，以調味料煮至入味。待醬料出現大氣泡，以湯匙把調味料淋上雞皮。起鍋，切成長寬2公分塊狀。

5　小蒸籠鋪放不黏紙（或烘焙紙），盛裝熱白飯、薄玉子燒絲、照燒雞肉、清燙豌豆莢絲，蓋上蓋子蒸7分鐘即完成。

作法3

作法4

味醂 Recipe 05

醬油煮魚

魚の煮付け

鯛魚、比目魚等魚肉質偏軟，應先把調味料煮沸再放入魚。而其他的魚類則應該在放調味料的同時放魚，再開火煮。魚肉易熟不用煮太久，如煮太久肉會崩散掉或變硬，為免發生這樣的狀況，煮魚不使用深鍋子而是用平底鍋。

材料（2人份）

比目魚（或紅金眼鯛魚） 2片
米酒 6大匙
本味醂 3大匙
（怕太甜可減至2大匙）
醬油 2大匙
老薑切片 2-3片
牛蒡 1/3條
醋+水 適量

【裝飾】

白蔥絲 少許

作法

1 老薑切片，另將牛蒡洗淨切成5公分長度，浸泡醋水5分鐘（大盆水加1大匙白醋），撈起稍微清洗，備用。
2 調味料都倒入平底鍋裡，煮沸放下魚、老薑片和牛蒡，醬汁以湯匙反覆澆淋上在魚肉上面，煮5-7分鐘。
3 魚盛盤，淋上一點醬汁，魚上擺放蔥絲，旁邊裝飾牛蒡條即可上桌。

作法1

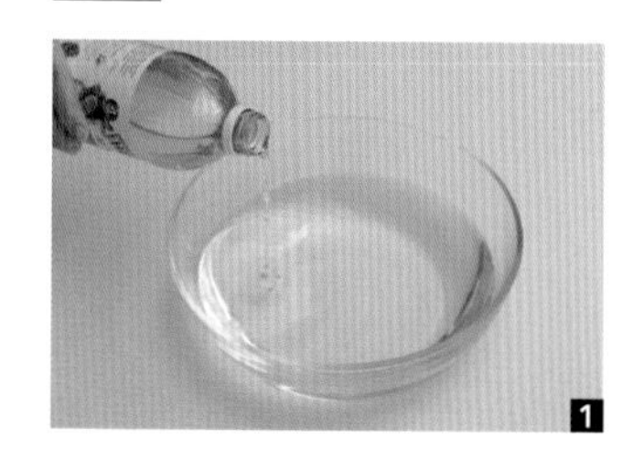
1

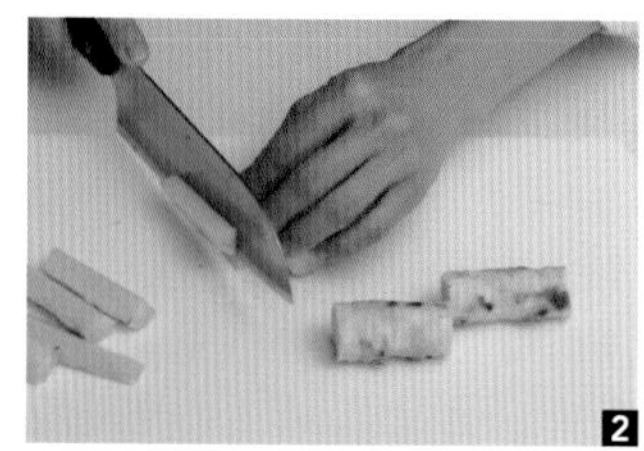
2

3

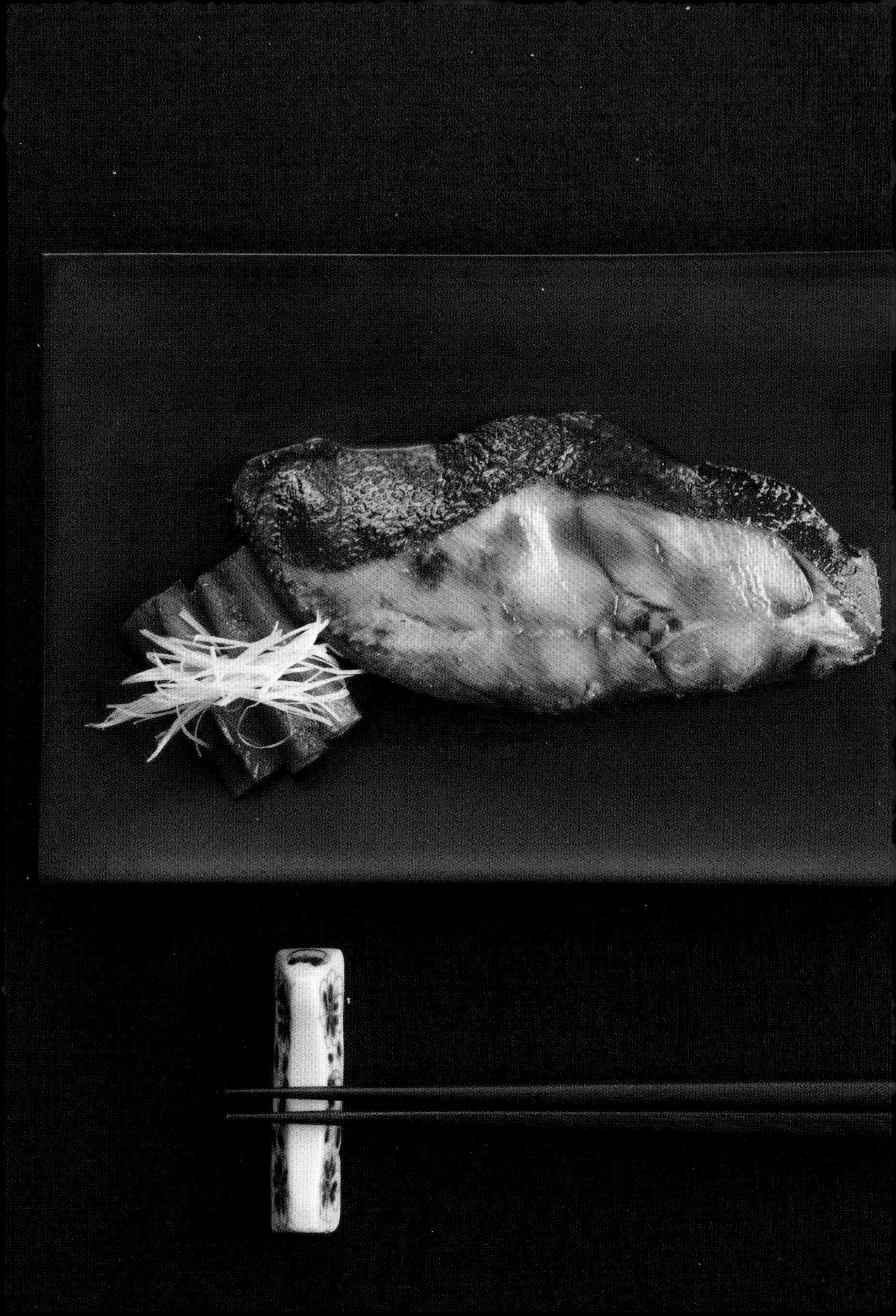

味醂 Recipe 06

炸雞翅

手羽先揚げ

Key Points
油炸
沾汁

炸雞翅又香又好吃，不僅小朋友愛用手拿著雞翅大快朵頤，炸雞翅也是很適合爸爸的下酒菜。

材料（2人份）

雞翅　12隻
太白粉　4大匙
油　適量

【預先調味】

米酒　1大匙
醬油　1大匙
老薑泥　1/2小匙
大蒜泥　1/2小匙

【沾汁】

本味醂　75cc
醬油　50cc
米酒　1大匙
砂糖　1大匙

【裝飾】

白芝麻　少許

作法

1　雞翅清洗乾淨，背面以刀子沿骨頭兩邊切入。
2　取一個夾鏈袋，裡頭放入雞翅、老薑泥、大蒜泥、米酒和醬油，從外面用手揉摸混勻，醃15分鐘。
3　取一鍋，將沾汁材料都倒入，煮到酒精蒸發。
4　拿出醃好的雞翅，沾裹太白粉，並將多餘的太白粉拍掉。
5　取一鍋倒入油，以160℃一次放3-4隻雞翅炸5分鐘，撈起放一旁靜置，待全部炸好後，把油溫調到180℃再回炸1分鐘。
6　趁炸雞還燙時，放入混合調好沾汁的鍋子裡攪拌，雞翅上撒點白芝麻裝盤。

作法1

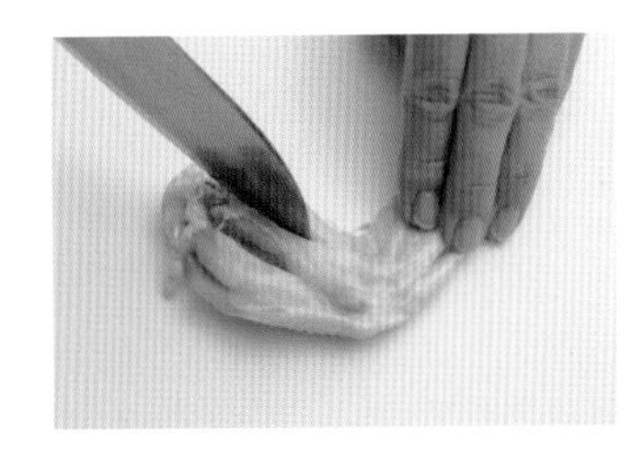

作法6

作法3

味醂 Recipe 07

日式蜜番薯（大學芋）

大学芋

Key Points
切塊
油炸

材料（2人份）

金時地瓜（中） 2條
（約330-350公克）
本味醂 5大匙
砂糖 5大匙
醬油 1/2小匙
黑芝麻 1小匙
炸油 適量

作法

1 地瓜皮洗淨，整條切不規則形塊狀（這樣較容易炸、入味）。
2 取鍋放油，低溫先放入地瓜，慢慢調高溫度炸至熟透取出，備用。
3 平底鍋倒入黑芝麻之外的調味料，煮到醬汁有點黏稠度。
4 放下地瓜與黑芝麻攪拌均勻，盛盤。

味醂 Recipe 08

味醂冰淇淋
アイスクリームのみりんがけ

材料

本味醂　適量

香草冰淇淋　適量

作法

香草冰淇淋挖成圓球狀，上頭淋一點本味醂，本味醂可以帶出香草的香氣與甜味，有點類似黑糖蜜的作用，又散發一點淡淡的酒香，香甜不膩口。

味醂 Recipe 09

日式醤油丸子

白玉のみたらし団子

Key Points
揉捏
水煮

小的時候，跟哥哥會一起玩做丸子的遊戲，就像捏黏土一樣，小朋友也可以一起幫媽媽的忙，並將做好的丸子當成甜點，好吃又好玩。

材料（2人份）

日式白玉粉　50公克

水　50公克（白玉粉：水＝1：1）

【甜醬油醬汁】

本味醂　6大匙

醬油　1大匙

砂糖　1大匙

太白粉（片栗粉）水　適量（太白粉1.5小匙＋水2大匙）

日式白玉粉的質地有一些塊狀。

作法

1　小鍋子裡倒入味醂和醬油，沸騰後改小火，慢慢加太白粉水讓醬煮出黏稠度。

2　不鏽鋼盆中放入白玉粉，慢慢倒水攪拌混合。水和粉類混合到如耳垂的軟度，揉捏成10顆圓型丸子。

3　一鍋水煮滾，如同煮湯圓的方式，一次放入3-4顆丸子煮熟。

4　煮熟的丸子泡到冰塊水中，休息1分鐘後撈起盛盤備用，丸子淋上甜醬油醬汁即完成。

味醂 Recipe 10

屠蘇酒

お屠蘇

Key Points
香料
浸泡

日本人在正月（一月一日）早上開始吃年菜，為了祛除前一年遺留的不好氣息，祈願新的一年健康順遂，會喝以清酒、味醂、綜合藥草香料製成的「御屠蘇（otoso）」，由年少者輪到長輩各喝小一口，期盼新的一年無病無災。

材料（2人份）

清酒　300cc

本味醂　100cc

綜合藥草包　1個（肉桂條2-3條、八角1粒、小荳蔻4顆、陳皮2小匙、花山椒1小匙、丁香8顆，黑胡椒1小匙）

棉布袋1個

作法

將所有香料藥草裝入棉布袋裡，浸泡到酒裡一起放置於冰箱一個晚上。

味醂 Recipe 11

照燒豬肉卷

オクラと人参の肉巻き

照燒的黃金比例1：1：1（味醂：醬油：酒），喜歡偏甜的可以加一點糖。照燒帶鹹甜的味道很下飯，也是很人氣的便當菜。

材料（2人份）

豬五花　200公克（12片）
秋葵　100公克
紅蘿蔔　1/2條
低筋麵粉　適量
鹽、胡椒粉　適量

【照燒醬】

味醂　2大匙
醬油　2大匙
酒　2大匙
糖　2小匙

作法

1 將秋葵切掉蒂頭汆燙約1分半；紅蘿蔔切成差不多大小，使用煮秋葵的鍋子燙約3分鐘，備用

2 將3-4片的豬五花攤開，將秋葵和紅蘿蔔放在一端，從端部開始捲起，並輕輕撒上鹽和胡椒。

3 煎肉卷前，薄薄地裹上一層麵粉，將捲起的一端朝下，邊轉動邊煎。

4 當豬肉開始出油時，用廚房紙巾吸收多餘的油，然後加入照燒調味料，邊滾動邊煮。

5 待醬汁收乾後，拿起，將肉卷切成喜好的大小，盛盤即可。

作法2

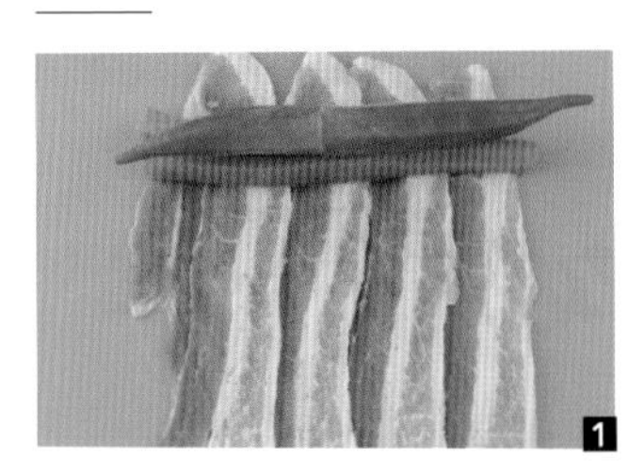

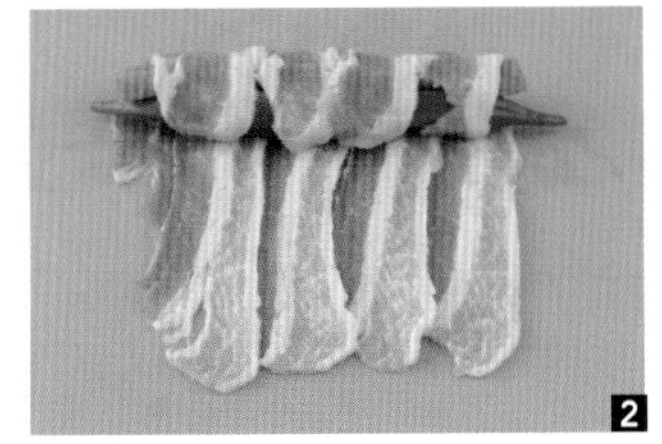

作法3

作法4

Part 4

發酵食品應用，美好生活的6個飲食提案

我們的日常生活裡，處處都是以不同的發酵調味料製作烹調的美味佳餚，用美好的滋味妝點餐桌、豐富生活。

日式定食
一汁三菜概念

Arrange Recipe

01

長久以來，日本料理存在著「一汁三菜」的概念，進入餐廳後每人點選一份套餐，端上桌的就是這樣包含一碗湯、一碗飯及三道菜（一主菜、兩配菜）的定食，配菜通常是採當令食材製作的涼拌菜、沙拉或醃漬物，一餐下來能同時補充蛋白質、碳水化合物、纖維質等必需營養素。

秋刀魚
梅煮
P.146

鹽麴
半熟蛋
P.54

味噌
醃起司
P.108

烤酒粕
P.134

Arrange Recipe

02

搭配日本酒下酒菜

結束上了一天班的忙碌與疲憊，或是周末與親朋好友相聚，這些時候都會想小酌一下放鬆心情，如果打開冰箱就能拿出已經做好的下酒菜，稍微拌一拌、淋點醬、加熱一下就能上桌，那就再好不過了！

日式便當＋味噌湯

Arrange Recipe

03

台灣比較常見不鏽鋼材質的便當盒，日式便當盒通常是木製的，也非常耐用喔，而且天然木頭有吸濕效果，會讓米飯更Q彈好吃！日本人習慣在早上料理便當、中午不加熱直接食用，配上一碗暖呼呼的味噌湯，飽足又有營養。

Arrange Recipe

04 搭配葡萄酒的晚餐

辛勞了一整天，晚餐時間最適合跟家人、朋友坐下來享用美食，如果能再搭配一杯葡萄酒就更棒了！這裡的牛肉是利用紅酒燉煮的，不只除腥還有軟化肉質的效果，配上充滿蔬果的前菜盤一起享用，今天的晚餐營養很均衡！

下午茶或野餐的甜點組合

Arrange Recipe

05

日本有很多景色優美的地方，像是每到櫻花季、楓葉季，我們很喜歡與家人親友相約觀賞自然風景，這時候就會準備自製便當或點心，在樹下、草皮鋪上野餐墊，舒適愜意的一邊享用美食、一邊欣賞美景。

日式
醬油丸子
P.158

酒粕松露
巧克力
P.136

酒粕
起司蛋糕
P.140

甘麴麥片
餅乾
P.77

抹茶
磅蛋糕
P.92

甘麴
蒸蛋糕
P.94

酒粕布丁
P.137

孩子的味覺還在發展階段，每一餐都能給予更多味覺體驗。雖然有些孩子不喜愛某些蔬菜，但並不代表他們無法吃所有的蔬菜。即使同樣的蔬菜，如果切法、烹調方式或調味改變，孩子們也有可能覺得美味。透過色彩豐富的擺盤方式，吸引他們視覺上的興趣，更開心地享受餐點。調味盡量清淡，大人可以在桌上準備一些調味料，讓大家自行調整辛辣和鹹度。

日式兒童餐

Arrange Recipe

06

附錄1

容器清潔消毒法

簡單的發酵只需要玻璃罐就可以完成，玻璃材質能抵抗酸性侵蝕，選擇以不透氣、質地厚、可密閉的透明器皿為佳。另外，溫度也是影響發酵結果的變因，大多數發酵過程都需要維持在適當的溫度範圍內，準備一支食物溫度計可以更精準掌握發酵的過程與變化，當然，一台能夠方便測量份量的電子秤，也絕對是平時料理或製作發酵食的好幫手。

製作發酵食前，一定要懂的聰明消毒法！

畢竟要微生物做工，發酵雖不用在無菌的環境底下完成，但為避免器具本身殘留雜菌，建議還是先消毒確保清潔。

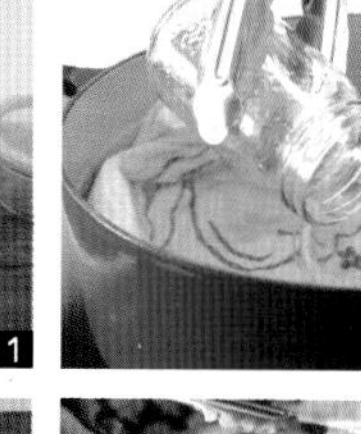

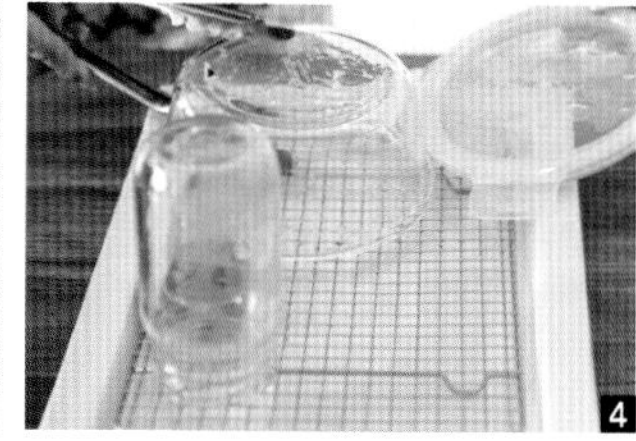

Step 1　選擇一個寬口大鍋，底部先舖上乾淨的棉布。

Step 2　將會使用到、需消毒的器具（包含湯匙、瓶蓋等）放入，加水至淹蓋過器具，開火將水煮至沸騰。

Step 3　水煮滾後，續煮3-5分鐘，以耐熱夾將器具撈起。

Step 4　將器皿倒扣，放置陰涼處風乾即可（可使用圖中鐵架，通風瀝乾效果更好）。

memo

- □ 在鍋子底部放條乾淨的布，可避免開水煮沸時，冒出來的泡泡讓瓶身彼此撞擊。
- □ 製作發酵食，過程中所使用的刀具、刨絲器、砧板等需保持乾燥，盡量與切魚肉所用到的器具做區隔。
- □ 從沸水消毒到晾乾，微生物還是可能跑進罐子裡，實際使用前還可再用酒精消毒一下。

附錄2

又漂亮又美味！食材顏色代表營養上的均衡

許多人去日本旅遊時看到鐵路便當，或日劇裡日本媽媽親手做的便當，大家都會說，日式便當真的很漂亮！捨不得吃！日本料理，所謂的「和食」，非常重視色彩的平衡。不僅是在餐廳裡，在家庭料理與便當中也是如此。和食不僅追求味覺上的美味，還講究視覺上的美感。為了呈現食材本身的自然色彩、誘發食慾，每道菜都用心調理。

此外，這樣的色彩平衡對應到營養也有非常重要的角色。我煮飯時一定會考慮配色，不論是在家用餐還是準備便當，都會特別注意餐點中是否包含了五種顏色。主食如白飯或麵包等澱粉類食物代表白色，肉類或魚類等蛋白質代表棕色，黑色則指海帶、海苔、蒟蒻、黑芝麻等富含膳食纖維和礦物質的食材。其他顏色如黃色來自雞蛋、玉米、南瓜等，紅色和綠色則來自番茄及青菜等富含維他命與膳食纖維的蔬菜。我希望每餐中都能有白色、棕色、黑色、黃色、紅色和綠色，讓色香味具足。

圖解日式便當裡的色彩

❶ 白色
主食如米飯或麵包等的澱粉

❷ 棕色
肉或魚等的蛋白質

❸ 綠與紅
番茄和青菜等蔬菜

❹ 黑色
海帶、海苔、黑芝麻等

❺ 黃色
雞蛋、玉米、南瓜等

日本媽媽的美味發酵食

鹽麴・甘麴・味噌・酒粕・味醂，用天然的發酵調味烹出自家風味

〔2024經典暢銷版〕

作者 岡本 愛
攝影 王正毅
美術設計 TODAY STUDIO・黃新鈞
＊鹽麴、甘麴製作步驟攝影：Arko Studio 林志潭

社長 張淑貞
總編輯 許貝羚
責任編輯 陳安琪
企劃協力 馮忠恬
編輯協力 彭秋芬
行銷企劃 黃禹馨

發行 英屬蓋曼群島商家庭傳媒股份有限公司城邦分公司
地址：115台北市南港區昆陽街16號5樓
電話：02-2500-0888
讀者服務電話：0800-020-299
（9:30AM~12:00PM；01:30PM~05:00PM）
讀者服務傳真：02-2517-0999
讀者服務信箱：csc@cite.com.tw
劃撥帳號：19833516
戶名：英屬蓋曼群島商家庭傳媒股份有限公司城邦分公司

香港發行 城邦〈香港〉出版集團有限公司
地址：香港九龍土瓜灣土瓜灣道86號順聯工業大廈6樓A室
電話：852-2508-6231　傳真：852-2578-9337
Email：hkcite@biznetvigator.com

馬新發行 城邦〈馬新〉出版集團 Cite (M) Sdn Bhd
地址：41, Jalan Radin Anum, Bandar Baru Sri Petaling, 57000 Kuala Lumpur, Malaysia.
電話：603-9056-3833　傳真：603-9057-6622
Email：services@cite.my

製版印刷 凱林印刷事業股份有限公司
總經銷 聯合發行股份有限公司
地址：新北市新店區寶橋路235巷6弄6號2樓
電話：02-2917-8022　傳真：02-2915-6275

版次 二版一刷 2024年12月
定價 新台幣480元／港幣160元

Printed in Taiwan

國家圖書館出版品預行編目（CIP）資料

日本媽媽的美味發酵食／岡本愛作. -- 二版. -- 臺北市：城邦文化事業股份有限公司麥浩斯出版：英屬蓋曼群島商家庭傳媒股份有限公司城邦分公司發行，2024.12　176面：17×23公分
ISBN 978-626-7558-38-6（平裝）
1.CST：食譜 2.CST：釀酵 3.CST：健康飲食
427.1　113015609